CONTRIBUTIONS

A LA

FAUNE MYRIAPODOLOGIQUE

MÉDITERRANÉENNE

DIX ESPÈCES NOUVELLES

Extrait des *Annales de la Société Linnéenne de Lyon*,
t. XXXIX, 1892

CONTRIBUTIONS

A LA

FAUNE MYRIAPODOLOGIQUE

MÉDITERRANÉENNE

DIX ESPÈCES NOUVELLES

PAR

HENRY-W. BROLEMANN

DEUXIÈME NOTE

LYON

IMPRIMERIE ALEXANDRE REY

4, RUE GENTIL, 4

1892

CONTRIBUTIONS

A LA

FAUNE MYRIAPODOLOGIQUE

MÉDITERRANÉENNE

DIX ESPÈCES NOUVELLES

————————◇————————

Depuis la publication de ma première note en 1889, j'ai eu l'occasion, grâce à de fréquentes visites en toutes saisons aux vallons de la Briance et à une excursion dans les Alpes voisines, d'augmenter ma collection d'espèces Lombardes et d'ajouter à cette faune, qui compte déjà plus de 100 représentants, quelques espèces et variétés dont je décris dans la présente brochure celles qui, par leurs caractères bien tranchés s'imposent comme des nouveautés.

Pour cette seconde note, j'ai suivi le même programme que pour la première et j'y ai adjoint trois planches dont les dessins ont été faits sous le microscope à l'aide de la chambre claire et réduits ensuite par la photographie.

Milan, 29 Avril 1891.

Ordre CHILOPODA, Latreille.

Famille LITHOBIIDÆ, Newport.

Genre LITHOBIUS, Leach.

Sous-Genre LITHOBIUS, Stuxberg.

Lithobius acuminatus, N. SP.

(Tab. I, fig. 1, a-b)

Parvus, robustus; rubro fulvus, linnea brunnea in dorso signatus, ventre pallidiore, omnibus membris fulvo brunneis, superne obscurioribus, capite nigrescenti. Glaber, nitens, fusiformis, in extremo manifeste acuminatus. Capul in basi sulcis duobus paulum curvatis impressum. Antenneæ 41 articulatæ, breves, dimidio corpore longitudine breviores. Ocelli 1+2.2., coxæ pedum maxillarium 2+2 validis armatæ. Scuta dorsalia indistincte insculpta, marginata, angulis posticis 9. vix emissis, 11.13. valde productis. Pori coxales uniseriali 2.3.3.3 magni rotundi. Pedes anales haud elongati, incrassati, articulo 1° in margine laterali calcarato, articulo 5° superne complanato, leviter sulcato; sulco nullomodo profundo, indistincto: unguibus binis. Femina latet. Longit. 8ᵐᵐ,50; latit. 1ᵐᵐ,20.

Petit mais robuste. D'un fauve rouge, parcouru sur le dos par une bande mal délimitée, plus rougeâtre que le fond; la moitié postérieure des écussons un peu plus foncée que le reste. Le pre-

mier anneau et la tête, mais spécialement cette dernière, tirant fortement sur le brun noir. Face ventrale plus pâle, terreuse, rougeâtre vers l'extrémité du corps ; tous les membres d'un fauve
brunâtre, plus foncés à leur partie supérieure.

Entièrement glabre, brillant, fusiforme, c'est-à-dire étranglé
en arrière de la tête et nettement atténué vers l'extrémité postérieure ; la plus grande largeur se trouve donc entre le 9me et le
12me anneau (pl. I, fig. 1).

Dimensions : longueur $8^{mm},5$; largeur $1^{mm},2$.

Tête arrondie, large, cachant la base des pattes ; mâchoires, deux
impressions légèrement arquées à la base. Antennes composées de
41 articles, courtes, n'atteignant pas la moitié de la longueur du
corps (41/100) ; articles courts, le dernier de mêmes dimensions
que les autres.

L'appareil visuel est mal développé chez le seul individu que je
possède : du côté droit il se compose de 5 ocelles, soit $1 + 2.2$,
toutes d'égale grandeur ou à peu près : les quatre ocelles antérieures incolores et semblant résulter de plusieurs ocelles fondues
ensemble ; du côté gauche plusieurs ocelles transparentes, mal
discernables, de dimensions diverses, disposées sans ordre apparent. Je ne considère pas la première disposition comme normale,
et suis d'avis que le caractère à tirer de cet organe reste encore à
déterminer.

Les hanches des pattes maxillaires sont fortement rétrécies en
avant. Leur bord antérieur est droit, armé de $2 + 2$ dents robustes, écartées, dont la paire extérieure est un peu plus forte que
l'autre.

Commissure médiane bien échancrée. Sillon médian nettement
écrit (pl. I, fig. 1, b).

Ecussons dorsaux nettement bordés d'un fin bourrelet, parsemés
d'impressions vagues : les angles postérieurs du 9me anneau sont
à peine saillants ; ceux des 11me et 13me anneau sont nettement
prolongés en angles peu aigus : en sorte que cette espèce qui, à première vue, pourrait être rangée dans le sous-genre *Hemilithobius*
semble, au contraire, se rattacher au sous-genre *Lithobius* p. d.

Armemént des pattes :

1re paire $\frac{0.0.1.1.1}{0.0.0.1.1}$ sur la patte gauche, à la partie supérieure, l'épine du 3me article est à gauche, et celles des 4me et 5me à droite; et à la partie inférieure les épines des 4me et 5me articles sont toutes deux à gauche. Sur la patte droite ces dispositions sont renversées. L'épine inférieure du 5me article est forte et très allongée. Griffe triple.

14me paire manque.

15me paire, anale, $\frac{1.0.3.1.0}{0.1.2.3.0}$; griffe double. Cette paire est médiocrement allongée, elle est renflée spécialement du 3me au 5me article. Les hanches de cette paire de membres sont armées d'une épine à leur bord latéral externe. Les autres articles sont parsemés, spécialement à la face inférieure, de gros points enfoncés. La face supérieure du 5me article est aplatie et parcourue dans sa longueur par une dépression très large, très peu profonde, mal marquée en général, mais plus visible vers l'extrémité du membre.

Les pores des hanches sont disposés en une rangée, sont ronds et sont proportionnellement grands, dans l'ordre 2.3.3.3.

La femelle m'est inconnue.

J'ai recueilli l'unique ♂ que je possède à Santa Caterina del Sasso, au lac Majeur, en automne, dans la mousse.

J'aurais hésité à créer une espèce nouvelle sur ce seul individu, si les différents caractères que présentent les écussons et les pattes ne m'avaient pas paru le distinguer nettement de toutes les espèces décrites jusqu'ici.

Ordre CHILOGNATHA.

Famille POLYDESMIDÆ.

Genre POLYDESMUS.

Polydesmus subulifer, N. SP.

(Tab. I, fig 4, a-d.)

Syn. 1880. E. Cantoni. Polydesmus complanatus ex. p.

Robustus, elongatus, antice e postice paulum acuminatus, nitens, glaber, terreus, vel rufo brunneus, interdum carinis aliquanto pallidioribus, ventre pallido; pedum ultimis quatuor articulis pallide brunneis, Antennæ latitudine corporis valde longiores, subclavatæ. Scutum primum ellipticum, angulis omnibus rotundatis. Scuta cœtera, scuptura sat manifesta, angulis anticis rotundatis, marginibus lateralibus indistincte tri vel quadridentatis vel crenulatis; angulis posticis rectis, aut, margine postico emarginato, in rostra obtusa productis. Pedes in maribus aliquanto incrassati. Mas : Pedes copulativi longi, validi, geniculati, bipartiti, parte superiore paulum arcuata, interne in medio dente valido instructa; parte inferiore, basi latiore pulvillum piligerum gerente, deinde in subulam apice deiecto desinenti.

Longit.: 18 millimetris ad 20ᵐᵐ,50. Latit.: 2ᵐᵐ,70 ad 2ᵐᵐ,90.

Fort, allongé, un peu rétréci aux deux extrémités, brillant, d'un brun terreux plus ou moins foncé, plus ou moins roux suivant les individus, l'âge et la saison. Chez certains individus la couleur générale perd son intensité sur les carènes. Le ventre est d'un blanc brunâtre (parfois d'un vert gris chez les individus morts dans l'alcool), les quatre derniers articles des pattes d'un brun jaunâtre pâle tirant souvent sur le rose.

Antennes longues dépassant la largeur du corps de 30 à 35 pour 100 en moyenne, légèrement renflées en massue vers l'extrémité. Chez un individu mesurant 3 millimètres de largeur, l'antenne était de $4^{mm},10$, soit : $0^{mm},25$ pour le 1er article; $0^{mm},55$ pour le 2me; 1 millimètre pour le 3me; $0^{mm},65$ pour le 4me; $0^{mm},65$ pour le 5me; $0^{mm},70$ pour le 6me; $0^{mm},30$ pour les 7me et 8me réunis. Diamètre au 6me article $0^{mm},35$.

Le front et la face sont rugueux; le sillon occipital est bien marqué. Le premier écusson (planche I, fig. 4, a) est plus large que la tête, mais ne dépasse pas les joues, elliptique, légèrement échancré à son bord postérieur, à angles postérieurs arrondis, à bord latéral interrompu par une dentelure très émoussée, munie d'un poil très court. Il présente deux impressions transversales dont l'antérieure est plus marquée; entre celle-ci et le bord antérieur il est orné d'une rangée de 10 rugosités surmontées chacune d'un poil jaunâtre très court et raide, et entre les deux impresions d'une seconde rangée de 6 rugosités semblables. Les écussons du tronc (planche I, fig. 4, b) ont une sculpture assez distincte; les lobes des carènes sont larges, l'angle antérieur est arrondi, les bords extérieurs sont légèrement courbes : comme chez les autres espèces du genre ils sont munis de 3 dents dans les écussons qui portent les *foramina repugnatoria* ou de 4 dents dans ceux qui en sont dépourvus. L'angle postérieur se termine en un bec assez prononcé et très émoussé, dû principalement à l'échancrure du bord postérieur et dont la pointe est légèrement dirigée vers le corps. Un sillon longitudinal central parcourt tous les écussons.

Deux impressions transversales parallèles divisent le centre de l'écusson en trois zones : la première antérieure, la plus large, est divisée en deux mamelons par le sillon longitudinal; la seconde, intermédiaire, est partagée en 4 mamelons; la troisième, postérieure, est divisée en 6 mamelons. Les carènes sont partagées en 2 lobes par un sillon longitudinal; le premier lobe large et rebondi n'atteint pas le bord postérieur de l'écusson et laisse entre lui et le bord une zone déprimée lamellaire. Le second lobe est étroit, allongé et prend naissance sous l'angle antérieur pour finir dans le bec formé par l'angle postérieur.

Chaque écusson présente en son milieu une rangée de 6 très petites rugosités disposées sur une ligne transversale à l'axe du corps et dont la paire externe est située au centre du lobe principal des carènes.

Les pattes atteignent, dépassent même un peu la longueur des antennes. Elles sont renflées chez le mâle.

Ce *Polydesmus* mesure 18 à 22^{mm},50 de longueur et 2^{mm},70 à 3^{mm},90 de largeur, avec une longueur moyenne de 19^{mm},50 et une largeur moyenne de 2^{mm},50. Les pattes copulatrices (planche I, fig. 4c, 4d) sont fortes, de couleur d'ambre. Elles présentent une seule courbure avant la moitié de leur longueur. À la partie convexe, la courbure est précédée d'une échancrure. Ces organes sont fendus en deux branches et cela assez profondément jusqu'à la courbure. La branche externe (supérieure) est un peu arquée, de grosseur constante dans toute sa longueur; l'extrémité qui dévie légèrement vers l'extérieur est émoussée et munie d'un prolongement latéral obtus immédiatement avant la pointe; elle porte en outre une dent robuste, triangulaire, aiguë, environ au milieu de sa concavité. La branche interne (inférieure) plus large à la base que la précédente n'en atteint pas la longueur, tout en étant plus longue que chez les autres *Polydesmus;* elle tend à s'amincir dès sa naissance, se renfle pour porter le *pulvillum piligerum* qui est de dimensions normales et s'amincit de nouveau pour prendre la forme d'une alène dont la pointe (dans la position normale de l'organe) se croise avec la pièce correspondante de l'autre patte.

JUVENIS. — Les jeunes individus n'ayant que 19 anneaux et 28 (♂) ou 29 (♀) paires de pattes, mesurent de 13 à 15 millimètres de longueur et de 2^{mm},20 à 2^{mm},30 de largeur.

Une femelle de l'âge précédent, c'est-à-dire ayant 18 anneaux et 27 paires de pattes, mesurait 9^{mm},25 de long et 2 millimètres de large.

Cette belle espèce dont je possède plus de 200 exemplaires est la plus commune de toutes dans les collines de la Briance où on la recueille aussi bien au printemps qu'en automne à l'état de complet développement, ce qui me fait supposer qu'elle passe l'hiver, soit plus d'une saison. Elle habite sous les pierres, les feuilles sèches, etc., de préférence dans les endroits boisés. Elle doit être considérée comme habitante des vallées, car je n'en ai trouvé qu'un seul exemplaire à la hauteur de 1800 mètres, à la cantonière dite « Casa San Marco » (Bergamasque). Sur les autres sommets que j'ai visités, elle est remplacée par le *P. complanatus*. Var : *monticola*, Latzel.

Outre la différence bien tranchée qui existe entre l'organe génital mâle de cette espèce et celui des autres *Polydesmus* de Lombardie, le *P. subulifer* se distingue du *P. complanatus*, Linné, avec lequel il a été certainement confondu par les auteurs précédents, par ses carènes horizontales moins développées, moins tranchantes et par la forme du 1er écusson qui est dépourvu de carènes; et des autres espèces par ses dimensions, exception faite toutefois du *P. testaceus*, Koch. Je n'ai jamais eu la bonne fortune ni de recueillir, ni de me procurer aucun exemplaire de cet insecte qui, à en juger par la description et la figure qu'en donne le professeur Antoine Berlese dans son ouvrage *Acari miriapodi*... (II, fasc. XII, n° 9), semble se rapprocher quant à la forme générale et aux dimensions du *P. subulifer*, mais d'un autre côté s'en distingue par la forme du premier anneau et par les pattes copulatrices non bifurquées.

Polydesmus brevimanus, N. SP.

(Tab. I, fig. 3, *a-d*)

P. subuliferi similis sed gracilior, levis, glaber, nitens, unicolor, rufo-brunneus, ventre pedibusque pallidioribus, Leviter antice atque postice acuminatus. Antennæ prælongæ. latitudinem corporis pæne media longitudine superantes.

*Scutum primum reniforme, angulis posticis rotundatis, basi
sex tuberculis signata. Scuta cætera angulis anticis attenua-
tis, marginibus lateralibus tri — vel quadridentatis, convexis,
angulis posticis haud elongatis obtusis, margine postico
sinuoso. Pedes in maribus aliquanto incrassati. Mas : pedes
copulativi breves, in angulum rectum flexi, in medio valde
inflati, bipartiti; ramo superiori paulum arcuato, versus apicem, unco laterali ornatum, acuminato: ramo inferiore supe
rioris mediam longitudinem paulum superante, recto, paulo
post pulvillum piligerum in apicem latum, triangularem,
repente truncatum, inflato.*

    Longit. : 10 *ad* 15 *millimetris. Latit. :* $1^{mm},30$ *ad* $1^{mm},90$.

Assez semblable au *Pol. subulifer*, mais beaucoup moins grand ;
lisse, glabre, brillant, légèrement aminci aux deux extrémités.
D'un brun roux, parfois d'un brun gris cendré (probablement aus-
sitôt après une mue) unicolore sur le dos ; plus pâle, presque blanc
sur le ventre et les membres. Dimensions des adultes :

Longueur 10 à 15 millimètres ; largeur $1^{mm},30$ à $1^{mm},90$.

Antennes très longues, dépassant de beaucoup la largeur du
corps (environ 145 pour 100), peu renflées au 6me article. Chez
un mâle adulte de 10 millimètres de longueur et $1^{mm},20$ de largeur
les articles présentaient les proportions suivantes : 1er article $0^{mm},20$,
2me article $0^{mm},25$; 3me article $0^{mm},42$; 4me article $0^{mm},28$; 5me article $0^{mm},33$; 6me article $0^{mm},40$; 7me et 8me articles ensemble $0^{mm},12$;
total 2 millimètres. Largeur au 6me article $0^{mm},23$.

Le front et la face sont légèrement rugueux ; le 1er écusson (Tab. I,
fig. 3, *a*) est de dimensions moyennes ne dépassant que de peu la
largeur de la tête. Il est uniforme, à angles postérieurs arrondis à
bord postérieur subéchancré. Des deux impressions transversales
usuelles, la postérieure est la mieux marquée ; elle dessine entre
elle et le bord postérieur six mamelons disposés en éventail. Rangées de poils usuels.

La sculpture des autres écussons est nette dès le premier. Des
trois rangées de mamelons, la 1re rangée, antérieure, est composée

de 4 mamelons confondus deux à deux formant 2 lobes larges et peu saillants ; la seconde rangée intermédiaire, de 4 mamelons distincts les uns des autres mais encore mal définis, si ce n'est à leur bord postérieur qui est bien déterminé ; la troisième rangée postérieure de six mamelons petits, écrasés par la rangée précédente mais nettement délimités. Le lobe des carènes, assez boursouflé est divisé en 2 mamelons par une impression longitudinale sinuée : le 1er mamelon, interne est large mais n'atteint pas le bord postérieur ; le second externe, est étroit et prend environ à la moitié du précédent pour se terminer à l'angle postérieur. Dans les premiers anneaux ce mamelon extérieur est plus allongé et il est coudé à la hauteur de l'angle postérieur. Le bord latéral, spécialement à l'angle antérieur est aminci en forme de lame. L'angle antérieur est atténué sans être complètement arrondi. Les bords latéraux sont convexes. Dans les premiers écussons la carène étant chassée en avant, il en résulte que l'angle postérieur est très obtus. Il devient droit dans les écussons suivants, puis il s'allonge peu à peu en forme d'un bec qui n'est jamais très proéminent et ne dépasse qu'à peine le niveau du bord postérieur dans les derniers anneaux.

Les trois rangées de poils montés chacun sur une rugosité, habituels au genre, existent, mais les poils sont excessivement courts.

Les pattes sont un peu épaisses chez le mâle, sans présenter de particularités.

Les pattes copulatrices (pl. I, fig. 3 *c* et 3 *d*) sont fortes mais courtes, de couleur d'ambre laiteux, pliées à angle droit dans leur milieu, bulbeuses avant leur courbure, bifurquées après. La branche supérieure légèrement arquée est un peu renflée avant la pointe, qui présente un prolongement latéral comme chez le *P. subulifer,* mais beaucoup plus prononcée.

La seconde branche dépasse de peu la moitié de la longueur de la première ; devenue triangulaire immédiatement après le pulvillum elle est brusquement tronquée et présente à son extrémité une facette triangulaire.

Cette conformation se rapproche beaucoup, comme on le voit, de celle de l'espèce précédente, tellement que je serais tenté de faire de cette espèce une variété du *P. subulifer*.

Outre l'analogie que présentent entre elles ces deux espèces *(P. sabulifer* et *brevimanus)*, elles ont encore une grande ressemblance avec le *P. subinteger*, Latzel *(Les Myriapodes de la Normandie*, 1re liste par *H. Gadeau de Kerville*, suivie de *Diagnoses d'Espèces et de Variétés nouvelles* par le Dr R. Latzel p. 20) ; elles s'en distinguent toutefois par la forme des pattes copulatrices.

JUVENIS. — Les jeunes ayant 19 anneaux 28 ou 29 paires de pattes mesurant 8^{mm},50 à 10 millimètres de longueur et 1^{mm},15 à 1^{mm},50 de largeur. *Pullus* III.

Une femelle ayant 18 anneaux et 27 paires de pattes mesurait 8 millimètres de longueur et 1^{mm},25 de largeur. *Pullus* VI.

Un mâle ayant 15 anneaux et 16 paires de pattes seulement mesurait 4^{mm},25 de longueur et 0^{mm},75 de largeur. *Pullus* II.

Je possède 26 ♂ dont 19 adultes et 35 ♀ dont 28 adultes. Ces Polydesmus ont été recueillis dans la plaine, à Pavie, au bord du Tessin, dans les collines, à Erba, Malnate, Caráte, Olgiate, et dans les préalpes (vallées) à Monbegro et Sondrio : tant au printemps qu'en automne.

Polydesmus fissilobus, N. SP.

(Tab. I, fig. a-d)

Subtilis, fragilis, nitens, pallidissimus, dorso interdum flavescente, interdum autem albescente, lineaque media nigra signato ; parallelus, articulis primis rugulosis. Antennæ elongatæ clavatæ, articulo 3° aliis longiori, ultimo conico longo. Scutum primum anterius semicirculare, angulis posticis oblique truncatis, margine postico recto, tuberculis nullo modo, transversis autem sulcis vix signatum, setis curtis rectis in seriebus tribus dispostis ornatum. Scuta cætera sculptura

manifesta, tuberculis omnibus piligeris, angulis anticis rotun-
datis, posticis autem rectis ; margine postico sexcrenulato ;
margine laterali tri-vel quadridentato ; in segmentibus fora-
mina repugnatoria ferentibus angulo postico inflato. Mas :
Pedes copulativi parvi leviter flexi, in medio inflati, deinde
bipartiti, ramo interno conico pubescente biapicato, ramo
externo intus apophysi rotundo interrupto in rostrum recur-
vum desinenti.

Longit. 5^{mm},0 *ad* 7^{mm},0, *Latit.* 0^{mm},7 *ad* 0^{mm},8.

Très petit, très délicat, très décoloré, généralement d'un blanc
jaunâtre, parfois tirant sur le jaune d'ocre, ou très pâle avec une
ligne longitudinale foncée. Brillant, à côtés parallèles, nullement
rétréci aux extrémités, la tête et les deux ou trois premiers articles
finement granuleux ou chagrinés.

Les individus adultes présentent les dimensions suivantes :
Longueur : 5^{mm},0 à 7^{mm},0. Largeur : 0^{mm},7 à 0^{mm},8.

Soit pour les mâles 5^{mm},0 de longueur sur 0^{mm},7 de largeur, et
pour les femelles 5^{mm},5 à 7^{mm},0 de longueur sur 0^{mm},7 à 0^{mm},8 de
largeur.

Front peu bombé assez fortement pubescent ; sillon occipital assez
fortement marqué. Antennes renflées en massue vers l'extrémité,
longues, parfois même très longues, dépassant toujours notablement la largeur du corps ; (un mâle adulte de 0^{mm},7 de largeur aux
environs du 12me anneau avait des antennes de 1^{mm},30 de longueur,
larges de 0^{mm},18 au 6me article).

Les 3me et 6me articles sont les plus longs : ce dernier est fortement renflé. Le dernier article est plus long que de coutume, conique. Ont été observées les proportions suivantes sur une antenne
de 0^{mm},95 de longueur provenant d'une femelle : 1er article 0^{mm},07 ;
2me article 0^{mm},13 ; 3me article 0^{mm},20 : 4me article 0^{mm},12 ; 5me article 0^{mm},16 ; 6me article 0^{mm},18 ; les 7me et 8me articles ensemble
0^{mm},10.

Une autre antenne provenant d'un mâle présentait les proportions
suivantes : 1er article 0^{mm},12 ; 2me article 0^{mm},16 ; 3me article 0^{mm},28 ;

4me article $0^{mm},17$; 5me article $0^{mm},18$; 6me article $8^{mm},25$; 7me et 8me articles ensemble $0^{mm},14$. Diamètre au 6me article $0^{mm},18$.

Le premier écusson (pl I, fig, 2 a) est large. Le bord antérieur est arrondi en demi-cercle : les bords latéraux sont parallèles interrompus par une petite dentelure garnie d'un poil. Le bord postérieur est droit dans son milieu et taillé un peu obliquement dans les angles. La sculpture de cet écusson est vague, on y distingue seulement les deux impressions transverses usuelles. Le bord antérieur est orné de poils courts et raides, montés chacun sur une rugosité. Deux autres rangées de 4 ou 6 poils semblables traversent l'écusson l'une dans son milieu, l'autre le long du bord postérieur. Tous les poils sont dirigés vers l'avant. La sculpture du second écusson est encore mal définie, toutefois on commence à y distinguer les rangées des mamelons si nettement dessinées sur les écussons suivants.

Les angles postérieurs des 5 premiers écussons sont taillés obliquement.

Les écussons du tronc sont arrondis aux angles antérieurs : le bord extérieur est légèrement convexe, interrompu par 3 fortes dentelures munies chacune d'un poil court et raide sur les anneaux porteurs de pores répugnatoires et par deux dentelures sur les autres anneaux. L'angle postérieur est droit dès le 6me anneau ; toutefois dans les anneaux portant des pores répugnatoires l'angle postérieur présente ce caractère que la 3me dentelure étant très rapprochée de l'angle, celui-ci semble fendu en deux pointes. De plus l'espace terminal étant légèrement boursouflé, apparaît translucide par suite du manque de coloration de la chitine. Le bord postérieur de l'écusson est crénelé de 6 pointes. La sculpture de ces écussons est très accentuée, (pl. I, fig. 2, b). Les deux impressions transversales délimitent trois rangées de 6 mamelons chacune. Chaque mamelon présente à son sommet un poil rigide, pâle, monté sur une rugosité. Les poils de la 1re et de la 2me rangée sont inclinés vers l'avant, c'est-à-dire vers la tête, tandis que ceux de la 3me rangée sont couchés vers l'arrière. Les plus gros mamelons sont dans la rangée médiane qui est développée aux dépens de la

rangée postérieure. Les carènes au lieu d'être divisées longitudinalement comme dans la plupart des autres espèces européennes
du genre, sont partagées comme le reste de l'écusson par les impressions transversales. Il est à noter toutefois que dans les écussons
porteurs de pores répugnatoires, par conséquent à 3 dentelures
latérales, les dépressions dévient vers l'avant laissant les mamelons
des angles postérieurs prendre plus de développement.

MALE. — Pattes ambulatoires un peu plus longues et un peu plus
épaisses que chez la femelle. Les pattes copulatrices sont très
petites, peu arquées, globuleuses en leur milieu, dans la concavité,
fendues en deux branches à partir de la courbure ; l'une des branches (interne-inférieure) est plus courte que l'autre, conique, pubescente, bifide au sommet ; l'autre branche (externe-supérieure) est
droite et munie d'une apophyse arrondie sur sa face concave ; elle
s'élargit légèrement vers l'extrémité pour se terminer en bec de
perroquet. Caractéristique est l'absence de pulvillum piligerum ; il
est à supposer que la branche pubescente de l'organe en tient lieu
(pl. I, fig. 2, c, et 2, d).

JUVENIS. — a. (Pullus, VII, de Latzel). Les mâles de 28 p.p.
mesurent $4^{mm},8$ à 5 millimètres de longueur, $0^{mm},7$ de largeur. Les
femelles de 29 p.p. mesurent $4^{mm},7$ à $5^{mm},3$, et $0^{mm},6$ à $0^{mm},7$.

b. (Pullus, VI, de Latzel). Les mâles ont 26 p.p. et mesurent
$3^{mm},7$ de longueur et $0^{mm},5$ de largeur. Les femelles ont 27 p.p. et
mesurent $4^{mm},7$ de longueur et $0^{mm},5$ de largeur.

J'ai recueilli 6 ♂ et 13 ♀ de cette espèce, dont 2 ♂ et 3 ♀ adultes
et les autres individus incomplètement développés. Tous, sauf un,
ont été recueillis en automne dans les mousses et de préférence
aux pieds de fraisiers sauvages. Ils proviennent des localités suivantes : Cernobbio (lac de Côme) ; Santa Caterina del Sasso (lac
Majeur) ; Malnate, Lambrugo (Brianza) ; Canonica d'Adda.

Polydesmus bigeniculatus, N. SP.

(Tab. I, fig. 5 a-c)

*Tenuis, glaber, nitens, paulum antice atque postice acumi-
natus, terreus, pedibus pallidioribus, ventre albescente. Antennæ prælongæ latitudinem corporis valde superantes. Segmentum primum reniforme, angulis posticis sat manifestis ;
secundum angulis anticis acutis ; scuta cætera angulis anticis
paulum rotundatis, posticisque in rostrum validum protractis ;
sculptura manifesta ; amborum sexuum pedes secundi paris
articulo primo verucoso. Mas : Pedes copulativi longi, simplices
apicem versus paulatim acuminati ; ramo unico bigeniculato,
parte media dentibus robustis duabus armata, parte extrema,
subuliformi, sinuata, dente laterali acuta interrupta.*

Longit., 9^{mm},50 ad 11 millimetris, latit., 1^{mm},10 ad 1^{mm},50.

Petit, brillant, glabre, légèrement rétréci en avant et en arrière ;
le dessus du corps et les antennes d'un jaune terreux pâle, unicolore, parfois plus foncé et rougeâtre dans la partie antérieure, parfois éclairci sur les carènes. Le ventre presque blanc ; les pattes
jaune pâle.

Les mâles mesurent 9^{mm},50 à 10^{mm},50 de longueur ; 1^{mm},10 à
1^{mm},30 de largeur. Les femelles 10 à 11 millimètres de longueur et
1^{mm},30 à 1^{mm},50 de largeur.

La face est convexe, le sillon occipital très net.

Les antennes sont très longues, proportionnellement plus longues chez le mâle que chez la femelle. Ont été observées les dimensions suivantes : chez un mâle de 9^{mm},50 de longueur et 1^{mm},20 de
largeur : le 1er article était de 0^{mm},13 ; le 2me de 0^{mm},30 ; le 3me de
0^{mm},50 ; le 4me de 0^{mm},30 ; le 5me de 0^{mm},35 ; le 6me de 0^{mm},35 ; les
7me et 8me ensemble de 0^{mm},17. Total : 2^{mm},10 ; diamètre du 6me article : 0^{mm},24. Mêmes proportions chez un mâle de 10 millimètres

de longueur et 1^{mm},20 de largeur, soit une proportion de 175 0/0 par rapport à la plus grande largeur.

Chez une femelle de 10 millimètres de longueur et 1^{mm},30 de largeur le 1er article était de 0,^{mm},17 ; le 2me de 0^{mm},23 ; le 3me de 0^{mm},45 ; le 4me de 0^{mm},27 ; le 5me de 0^{mm},30 ; le 6me de 0^{mm},31 ; les 7me et 8me ensemble de 0^{mm},17. Total : 1^{mm},90 ; diamètre au 6me article, 0^{mm},22, soit une proportion de 146 0/0 par rapport à la plus grande largeur. L'antenne d'une autre femelle de 11 millimètres de longueur et 1^{mm},50 de largeur mesurait 1^{mm},95, soit une proportion de 130 0/0 par rapport à la largeur.

Le premier écusson est semi-circulaire, à bords postérieurs échancrés, à angles postérieurs bien dessinés, droits, à côtés aplatis comme pour un rudiment de carène; les six mamelons de la base sont assez nets. Les carènes des trois premiers écussons sont chassées vers l'avant, les angles postérieurs en sont droits, presque obtus; l'angle antérieur du 1er écusson est très aigu. A partir du 4me écusson l'angle antérieur s'arrondit, mais sans jamais disparaître complètement. Le bord latéral est légèrement convexe, interrompu par trois ou quatre dentelures munies d'un poil à peine visible. L'angle postérieur se développe de plus en plus et devient très long et très aigu vers les 14es et 15me écussons. La sculpture des anneaux du tronc est nette et ressemble à celle du *Polyd. subulifer ;* le lobe interne des carènes est moins rebondi ; par contre, le lobe externe, qui prend naissance au tiers de la hauteur de l'écusson, est bien formé. Les rugosités qui ornent ordinairement les écussons des *Polydesmus* sont ici très petites et les poils qui les surmontent excessivement courts, à peine visibles.

Les pattes sont environ de la longueur des antennes, un peu épaissies chez le mâle. Dans les deux sexes, les hanches de la deuxième paire de pattes présentent un prolongement obtus, verruqueux, tourné vers l'arrière, qui n'est visible cependant que sur les individus adultes.

MALE. — Pattes copulatrices jaune d'ambre, proportionnellement très longues, formées d'un rameau unique replié deux fois et

qui s'amincit graduellement. Les courbures sont arrondies : la première est à angle droit, la seconde à angle aigu. Le *pulvillum piligerum* est situé dans la concavité de la première courbure ; entre
celle-ci et la seconde courbure se trouvent deux dents fortes, l'une
environ au centre de la face interne du membre et à égale distance
des deux courbures, l'autre sur l'arête externe en avant de la précédente. Après la seconde courbure le membre s'amincit considé-
rablement ; il est deux fois sinué et présente à moitié de sa longueur, sur l'arête interne, une dent qui chez certains individus
(plaine) est courte et aigue, et chez d'autres (montagne) peut s'al-
longer en forme d'une aiguille mince et acérée. (N'ayant que peu
d'individus à ma disposition, j'enregistre cette variété de forme
simplement pour mémoire.)

Juvenis. — Des individus de 19 segments *(Pullus*, VII) mesurent 7 millimètres à 7^{mm},50 de longueur sur 1 millimètre de largeur. Ceux de 17 segments *(Pullus*, IV) 4^{mm},50 de longueur sur
0^{mm},10 de large.

. Je possède 23 exemplaires de cette espèce, dont 7 mâles et 7 fe-
melles adultes, recueillis du mois de juin au mois d'octobre à Erba
(Brianza), Gavirate (Varesotto). Nesso (lac de Côme), Gromo (Val
Seriana), Girola (Val del Bitto-Valtellina).

Famille CHORDEUMIDEÆ, C. Koch.

Genre ATRACTOSOMA, Fanzago.

Atractosoma Lombardicum, N. SP.

(Tab. II, fig. 6, *a-h.*)

*Gracile, fragile, nitens, fusiforme, versus anum quam ver-
sus caput angustius, brunneum carinis ventreque pallidio-*

*ribus. Antennæ prælongæ, leviter inflatæ. Ocelli manifesti
21-28 in seriebus septenis, præcipue 1.2.3.4.5:5.5 disposti. Ca-
rinæ mediocriter porrectæ, rotundatæ, valde versus caput
projectæ, leviter inflatæ, impressione profunda a corpore
septæ, externe cesticillo rotundato marginatæ. Verrucarum
internum par in depressione carinarum situm. Maris paria
pedum 48; feminæ, 50. Mas : Pedes 3 ad 11 articulo ultimo
infra setis brevibus, nonnunquam uncinatis, dense sparso.
Pedum copul. par anterius ramis duobus distinctum; externo
lamelloso, cubitato, in apice bidentato, in media longitudine
apophysi rostrata interrupto; interno simplici, trunciformi,
apice triangulari dense pubescenti. Par posterius magnitudi -
nem anterioris referens, a lamella conjunctum, bipartitum;
ramo interno (anteriori) contorto, apice digitiformi setifera;
ramo externo (posteriori) apice unciformi.*

Longit. 7^{mm},50 *ad* 8^{mm},50. *Latit.* 0^{mm},90 *ad* 1^{mm},10.

Petite espèce, délicate, brillante, sensiblement rétrécie aux deux
extrémités, spécialement vers l'anus. D'un brun terreux, foncé sur
le dos, un peu plus clair sur les carènes, jaune pâle sur le ventre et
les membres. Dimensions des adultes 7^{mm},50 à 8^{mm},50 de longueur; 0^{mm},90 à 1^{mm},10 de largeur.

Face ($\mathcal{J}$) convexe, front bombé, l'un et l'autre parsemés de poils
courts, rigides, clairsemés. Antennes très longues, dépassant la
largeur du corps de plus de la moitié (1^{mm},60 pour 100) très légèrement claviformes. Chez un mâle de 1^{mm},10 de largeur les antennes mesuraient 1^{mm},80 et les articles présentaient les proportions
suivantes : 1er article 0^{mm},10 ; 2me article 0^{mm},14 ; 3me article 0^{mm},50 ;
4me article 0^{mm},33 ; 5me article 0^{mm},40 ; 6me article 1^{mm},18 ; 7me et
8me articles ensemble 0^{mm},15.

Yeux en triangle équilatéral composés d'ocelles bien distinctes
mais souvent irrégulièrement disposées, au nombre de 21 à 28 ; la
disposition la plus fréquente et qui paraît aussi la plus normale est
1.2.3.4.5.5.5. Ont été observés en outre 1.2.3.4.5.5.3 — 1.2.3.4.
5.5.4 — 1.2.4.4.5.6.6. Il se présente fréquemment que l'angle pos-

térieur de l'appareil visuel est formé de 4 ocelles en zig-zag, d'où les dispositions 1.1.2.3.3.4.4.3. — 1.1.2.3.4.4.5.4. — 1.1.2.3.4.5. 5.4 — 1.1.2.3.4.5.6.5 qui, suivant moi, doivent être considérées comme anormales. Souvent les deux yeux du même individu sont différemment conformés.

Les anneaux sont comme d'habitude parcourus par un sillon longitudinal central finement caréné, si ce n'est dans les premiers écussons où le sillon est simple. La carène latérale du 1er anneau est arrondie et interrompue seulement à son angle postérieur par la verrue externe. La dépression qui délimite la carène est profonde en son milieu mais n'atteint pas le bord postérieur qui conserve la forme d'un bourrelet. Les carènes du tronc sont médiocrement saillantes, fortement arrondies et chassées en avant, légèrement relevées et boursouflées et bordées d'un bourrelet qui prend environ à l'angle antérieur pour se terminer par la verrue externe. La verrue intermédiaire occupe sa place habituelle dans l'angle antérieur et la verrue interne est située *dans la dépression même* qui délimite la carène, c'est-à-dire à moitié entre le sillon longitudinal central et le bord de la carène (et non hors de la dépression et plus près du centre comme dans l'espèce suivante). Les poils des verrues sont jaunâtres et assez forts.

Le mâle a 48 paires de pattes ; la femelle 50 paires. Celles du mâle sont un peu épaissies, en outre les pattes des 3, 4, 5, 6 et 7me paire (et aussi 8, 9, 10 et 11me paire mais à un degré moindre) sont garnies à la partie inférieure du dernier article et vers l'extrémité du membre de nombreuses papilles cornées qui affectent souvent la forme crochue comme dans l'espèce suivante.

L'organe copulateur ne fait qu'à peine saillie à l'extérieur du corps ; les 3 paires de pièces qui le composent correspondent très exactement aux pièces analogues de l'*A. Tellinense*. Pattes antérieures. La première paire de pièces (pl. II, fig. 6, *b*, 6, *c)* est lamelleuse mais plus étroite que chez l'*A. Tellinense*, en outre elle est coudée et carénée en son milieu, bidentée à son sommet et présente encore un prolongement latéral en forme de selle à la hauteur de la courbure ; la deuxième paire (pl. II, fig. 6, *d)* est simple ;

chaque pièce représente une tige gibbeuse renforcée à la partie interne de sa base par un talon qui atteint presque la moitié de la
hauteur et l'extrémité est munie d'une surface triangulaire assez
large, à angles arrondis, couverte d'une fine pubescence surtout
vers l'extrémité. Les pattes postérieures (pl. II, fig. 6, *g*, 6, *h)* sont
tantôt moins, tantôt aussi développées que les pattes antérieures.
Elles sont reliées entre elles par un prolongement lamellaire ; elles
sont bifurquées ; l'une des branches, en faucille est terminée par
une pointe tantôt effilée et aiguë, tantôt large et émoussée; l'autre
branche globuleuse à la base est tordue sur elle-même et se termine
en un prolongement digitiforme que couronne un poil ou parfois une
pointe émoussée. Ces différences de la paire de pattes postérieures
n'ont été reconnues que chez un individu seulement qui a fourni les
figures 6, *e*, et 6, *f*, de la planche II.

J'ai sous les yeux 10 individus dont 6 ♂ et 4 ♀ adultes qui ont
été recueillis à Vedano-Olona et à Gavirate dans les environs de
Varese en automne, principalement sur des morceaux d'écorce
tombés, sur la face en contact avec le sol.

Atractosoma Tellinense, N. SP.

(Tab. II, fig. 7 *a-b)*

Elongatum, fusiforme, pallide ochraceum, capite primis-
que segmentis obscurioribus. Antennæ prælongæ, tenues
haud inflatæ. Ocelli parvi manifesti, in triangulo, seriebus
7 ad 8 dispositi, utrimque 22 a 27. Scuta dorsalia levia, late-
ribus carinatis ; carinis valde porrectis, paululum elevatis,
angulo antico rotundato, postico recto, vel leviter rostrato.
Setarum paria sicut apud A. Athesinum. Pedum paria femi-
næ 50, maris 48. Pedes longi tenues, articulo ultimo unci-
nato. Mas: Pedum prima paria (duobus primis exceptis)
articulo septimo interne setis brevibus unciformibus sat dense
sparso. Pedes copulativi valde prominentes, par anterius
bipartitum ; ramo externo lato, lamelloso, quadrangulari

corporis longitudine parallelo, angulo postico acuto, angulo antico in subulam longam bisinuatam posterius reversam producto; ramo interno simplice, bacilliformi, apice hamato, pone apicem apophysi lamellosa rotundata, pellucida ornato. Par posterius bipartitum breve, analogis atractosomatis Athesini membris subsimile.

Longit. 11^{mm},50 *ad* 17^{mm},50. *Latit.* 1^{mm},50 *ad* 1^{mm},90.

Assez grand, allongé, fusiforme, rétréci derrière la tête plus qu'à l'extrémité postérieure ; jaune d'ocre pâle, la tête et les antennes plus foncées, tirant sur le rouge, pattes concolores.

Longueur : 11^{mm},50 à 17^{mm},50. Largeur 1^{mm},50 à 1^{mm},90.

Face convexe, hérissée de poils assez longs, clairsemés. Antennes très minces, non claviformes, dépassant de beaucoup (environ 150 à 160 pour 100) la largeur du corps. L'antenne d'un mâle de 1^{mm},80 de large mesurait 2^{mm},95 soit pour chaque article les proportions suivantes ; 1er article 0^{mm},14 , 2me article 0^{mm},30 ; 3me article 0^{mm},90 ; 4me article 0^{mm},48 ; 5me article 0^{mm},67 ; 6me article 0^{mm},20 ; 7me et 8me articles ensemble 0^{mm},18. Une femelle de 1^{mm},90 de large m'a donné les proportions suivantes: 1er article 0^{mm},13 ; 2me article 0^{mm},21 ; 3me article 0^{mm},85 ; 4me article 0^{mm},44 ; 5me article 0^{mm},65 ; 6me article 0^{mm},25 ; 7me et 8me articles ensemble 0^{mm},15 ; total 2^{mm},85.

Ocelles très distinctes, petites, entassées en triangle au nombre de 22 à 27, dispositions générales observées 1.1.2.3.4.5.6 — 1.1.2.3.3.4.5.5 — 1.2.3.4.5.6.4 — 1.1.2.3.4.5.6.5 — 1.2.3. 4.5,6.6. — etc.

Dès le premier anneau tous les écussons sont traversés longitudinalement par un sillon ininterrompu finement caréné en son milieu. Tous les anneaux, à l'exception des 5 derniers, sont pourvus de fortes carènes latérales.

Celles du premier écusson forment un angle peu saillant délimité du côté du corps par une faible dépression plus prononcée à la partie médiane, au centre de laquelle se trouvent les verrues de la paire interne. Des deux autres paires de verrues l'une se trouve contre le bord antérieur, l'autre à la pointe même de l'angle. A partir du second anneau les carènes des écussons se développent en forme d'un demi-croissant, c'est-à-dire qu'elles sont absolument arrondies en avant, tandis que le bord postérieur est très légèrement concave (pl. II, fig. 7 a).

Les verrues occupent la même position sur les écussons du tronc, que sur celui du premier anneau, exception faite toutefois pour la paire interne qui est plus rapprochée du sillon central et *hors de la dépression*. Les poils des verrues sont, comme chez les autres espèces du genre, longs, rigides, et d'un blanc laiteux.

Les carènes de cette espèce sont beaucoup moins développées que chez l'*A. meridionale*, Fanz, mais plus cependant que chez l'*A. Athesinum*, Feddriz. Elles sont portées vers l'avant et légèrement relevées.

Les mâles ont 48 paires de pattes, les femelles 50.

Les pattes sont assez longues et minces, armées d'une forte griffe accompagnée latéralement d'une autre de moitié plus petite. Le dernier article des premières paires de pattes chez le ♂ est garni intérieurement de papilles cornées, très courtes, nombreuses, généralement crochues, et qui donnent fort bien à ce membre l'apparence d'une carde. Je n'ai pu préciser le nombre des paires de pattes qui présentent cette particularité, toutefois les deux premières en sont dépourvues.

Male. — Les pattes copulatrices font saillie hors du 7me anneau de toute la hauteur (pl. II, fig. 7b). La paire antérieure est constituée par 2 paires de pièces : La première paire (pl. II, fig. 7 c, A) est formée de 2 feuillets quadrangulaires, parallèles entre eux et à l'axe du corps, qui protègent l'ensemble de l'organe latéralement, L'angle postérieur de chaque feuillet se termine par une dent assez aiguë, tandis que l'angle antérieur se prolonge en une tige longue graduellement amincie, recourbée immédiatement vers l'arrière et plusieurs fois sinuée. La seconde paire de pièces (pl. II, fig. 7, d) insérée entre les feuillets de la première paire est constituée par deux cornes qui par leur forme et leur position rappellent absolument les cornes d'une vache. La pointe en est très fine et repliée le long de la tige ; elle est en outre précédée par un développement foliacé, tranchant, transparent. Dans la base de chacun de ces membres est taillée une chambre carrée, isolée. La paire postérieure les pattes copulatrices (pl. II, fig. 7, *e)* qui rappelle beaucoup l'organe correspondant de l'*A > Carpathicum,* à en juger d'après la figure qu'en a donné le Dr R. Latzel *(Myriap. d. œster.-ung. Monarchie,* pl. IV, fig. 98), est formée également de deux paires de pièces dont l'une externe (postérieure) à base large se termine en un moignon arrondi, l'autre antérieure (interne) d'égales dimensions plus étroite à la base, est composée de deux articles, dont le dernier se termine par un crochet assez aigu.

JUVENIS. — Un individu de 27 segments et 44 paires de pattes mesurait 9^{mm},50 de longueur et 1^{mm},20 de largeur.

Les yeux étaient composés de 21 ocelles, noires, bien formées, dans la disposition 1.1.2.3.4.5.

Je possède 8 échantillons de cette belle espèce dont 1 ♂ adulte, 5 femelles adultes et 2 ♀ imparfaitement développées, qui ont été recueillies par moi sur les cimes de la Valteline, soit : au Pizzo 3 Signori versant du Val del Bitto, au Passo San Marco (1820 mètres environ) et au Passo Canciano, Val Malenco (2550 mètres environ).

Genre CRASPEDOSOMA, Leach-Rawlins.

Craspedosoma dentatum, N. SP.

(Tab. II, fig. 8, *a-d*)

Craspedosomati Rawlinsii et colore et forma simillimum sed aliquanto subtilius. Pedum paria feminæ 50, maris 47. Mas : Segmentum septimum nullo modo inflatum. Par pedum octavum mutilatum, trunculis substitutum, eorumdem primis articulis valde incrassatis, atque fusis. Pedes copulativi bre-

viores. Par anterius laminis binis; internis (laminæ ventrales)
concavis in basi latis, pulvillum ingens ferentibus, deinde
repentino flexu in subulam (laminæ intermediæ) acutam,
caput versus cubitatam, divergentem, desinentibus ; externis
triangularibus, basi angusta in volutam biapicatam amplia-
tis, apice interno robuste mucronato externo bi-vel tridentato
atque mucronato. Par posterius simplex, marginibus haud
interruptis.

Longit : 15 millimetri. Latit : 1^{mm},60.

Cette espèce est excessivement voisine du *Crasp. Rawlinsii*
Leach, tellement qu'il ne m'a pas été possible de trouver des caractères qui permettent de distinguer les femelles de ces deux espèces
les unes des autres. Toutefois les caractères que présentent les
mâles sont si franchement différents que je me suis cru autorisé à
créer cette espèce.

Voici les observations recueillies sur trois individus adultes,
soit 2 ♂ et 1 ♀ les seuls que je possède.

Cette espèce semble un peu plus petite et plus élancée que le
C. Rawlinsii.

♀ Longueur 14^{mm},50, largeur 1^{mm},70.

Ocelles 27, soit : 1.2.3.4.5.6.6.

50 paires de pattes.

♂ Longueur 14^{mm},80, largeur 1^{mm},70.

Ocelles 24, soit : 1.2.3.4.5.5.4, ou 28, soit 1.2.3.4.5.6.7.

Le 7me anneau n'est pas renflé sur les côtés.

47 paires de pattes ; la 8me paire est atrophiée et présente
une forme spéciale. Les hanches sont très développées et sont sou-
dées en une pyramide à base de losange dont le plus grand diamètre est perpendiculaire à l'axe de l'animal. Les faces antérieures de la pyramide sont concaves et dans les concavités s'articu-
lent des moignons évidés en forme de cuiller, qui ne dépassent pas
la hauteur des hanches. Cet organe précède et protège l'appareil
copulateur auquel il est assez fortement lié. (pl. II, fig. 8, *a*, 8, *b*).

La première paire de pattes copulatrices est composée de

deux paires de pièces (pl. II, fig. 8, c). Les premières, internes,
unies entre elles, larges à la base, se rétrécissent brusquement
pour ne former au centre de l'appareil que deux tiges analogues
à celles du *C. Rawlinsii* et du *C. Oribates*, mais plus développées et qui divergeant dès la racine, reviennent en avant formant
deux courbures.

À l'angle interne de la base de chacune de ces pièces prend
naissance un épais faisceau fibreux, couleur d'ambre.

Les pièces externes, minces à la base, s'élargissent en cornet ;
la pointe externe du cornet se termine par plusieurs dents robustes, dont la dent externe est isolée et plus grosse que ses voisines ;
la pointe interne, en forme de corne, passe sous la première courbure du flagellum de la pièce interne et embrasse dans sa concavité le faisceau fibreux qui naît de la première pièce. La seconde
paire de lames est simple, soudée et rappelle l'organe analogue du
Rawlinsii ; elle présente trois chambres divisées par deux cloisons
rudimentaires qui se rejoignent au sommet ; les bords extérieurs
sont sinués, mais pas dentelés.

J'ai recueilli cette espèce à la Cantonière dite Casa San Marco
(Bergamasque) à environ 1800 mètres d'altitude en septembre
1888, sous des pierres.

Famille JULIDÉS, Leach.

Genre JULUS, Brandt.

Julus intermedius, n. sp.

(Tab. II, fig. 9, a-g-e. — Tab. III, fig. 9; h-k)

*Julo nano Latzeli subsimilis, gracilis et tenuis, glaber
nitens, pallidoflavus, interdum viridescens, in extremo pal-
lidior. Antennis pedibusque albescentibus. Vertex foveis seti-
geris nullis, ne sulco quidem ullo distinctus. Antennæ latudi-
nem corporis æquentes, subtiles. Oculi ocellis omnino con-*

fluxis, aut nonnunquam paucis pellucidis in area nigra sine ordine sparsis. Numerus segmentorum 44-49. Segmentum primum, angulis in lateribus rotundatis, ibi striis nullis, totum autem punctis inequalibus leviter et dense conspersum. Sequentium segmentorum duo prima dorso levicanti imperfecte, cætera autem manifeste, striata, striis latis profundis sed non densis, margine postico non impresso punctato. Foramina repugnatoria manifesta, in parte anteriore segmenti sita, sutura transversali valde undulata ; segmentum ultimum leviter rugulosum, in uncum validum, in terram devexum productum, solummodo in margine piligerum. Valvulæ anales mediocriter porrectæ, leviter marginatæ, squama simplici. Pedum paria 72.-87 ; pedes tenues et breves. Mas: Stipites mandibulares simplices; pedes primi paris minimi, valde reflexi. Margines ventrales septimi segmenti vix prominentes ; Pedes copulativi externe porrecti. Laminæ anteriores bacilliformes apice rotundata. Laminæ intermediæ evanidæ et laminis lateralibus, iisdem Blaniulorum organis similibus, sputaliformibus substitutæ. Laminæ posteriores prioribus æquales, in planitiem corporis dilatatæ, triangulares, in basi latæ, angulo postico libero, acuminato, apicem versus strictæ, margine antico leviter biemarginato. Flagellum cupulativum evanidum.

Longit. 9^mm ad 15^mm. Latit. 0^min,65 ad 1^mm.

Petite espèce, délicate, spécialement les mâles. Jaunâtre pâle tirant sur le vert dans la partie postérieure du tronc, plus pâle aux extrémités spécialement dans le quart antérieur du corps, Antennes et pattes blanchâtres. Glabre, brillant, entièrement déchiré de petites stries très fines longitudinales plus denses aux extrémités, (pl. III, fig 9, h, 9, i, 9, k).

Dimensions constatées : Longueur 9 à 15 millimètres soit : 9 à 12 millimètres pour les ♂ ; 14 à 15 millimètres pour les ♀, Largeur 0^mm,65 à 1 millimètre soit :

0^mm,65 à 0^mm,75 pour les ♂ ; 0^mm,90 à 1 millimètre pour les ♀.

La face et le front sont lisses, sans sillons ni soies.

Les yeux sont représentés par un espace noir, brillant, sans contours nets, dans lequel les ocelles tantôt sont noyées complètement, tantôt se distinguent sous forme de petits globes transparents, en nombre toujours restreint, disséminés sans ordre apparent. Les antennes sont courtes et fines.

Chez une femelle de $14^{mm}{,}50$ de long et de $0^{mm}{,}90$ de large, l'antenne mesurait $0^{mm}{,}90$ et $0^{mm}{,}10$ de largeur au 5me article. Les articles présentaient les proportions suivantes :

1er article $0^{mm}{,}9$: 2me article $0^{mm}{,}22$; 3me article $0^{mm}{,}18$; 4me article $0^{mm}{,}16$; 5me article $0^{mm}{,}15$; 6me article $0^{mm}{,}07$; 7me et 8me articles ensemble $0^{mm}{,}03$ environ.

On compte 44 à 49 anneaux, soit :

Chez les ♂ 44 à 46, dont les quatre derniers dépourvus de membres. Chez les ♀ 48 à 49, dont les trois derniers dépourvus de membres.

Le premier anneau est prolongé assez bas sur les côtés en angle émoussé ; le bord antérieur est légèrement échancré immédiatement en avant de l'angle. Il ne présente aucune strie. Par contre, il est entièrement parsemé de très petits points enfoncés, allongés, inégaux, assez clairsemés.

A l'exception de l'anneau préanal tous les autres sont parcourus dans le Metazonite par des stries longitudinales. Toutefois sur la région dorsale des 2me et 3me anneaux les stries sont mal écrites, sont courtes et peu profondes ; on ne les voit nettement qu'à partir du 3me ou 4me anneau. Peu à peu les stries deviennent larges, assez profondes, tout en restant espacées et sans jamais devenir longues, n'atteignent généralement pas le sillon circulaire et jamais le bord postérieur. Celui-ci est uni, c'est-à-dire *sans sculpture cannelée;* il est seulement précédé d'un fin sillon parallèle à lui. Le sillon circulaire est finement ponctué. Les pores répugnatoires sont proportionnellement *très grands, situés dans le prozonite.* A la hauteur des pores le sillon circulaire dévie brusquement pour former une profonde ancoche au fond de laquelle est situé le pore.

L'anneau préanal est prolongé en forme de pointe robuste,

dépassant notablement les bords des valves anales, à extrémité translucide légèrement inclinée vers la terre. Cet anneau est le seul qui porte des poils à son bord postérieur, on en compte cinq paires, dont une sous le ventre, trois sur les côtés et une de chaque côté du prolongement et à moitié de sa longueur. Cet anneau est légèrement rugueux, de même que les valves anales, étant, comme ces dernières, plus chargé de points enfoncés et de stries qu'aucune des autres parties du corps. Les valves anales sont médiocrement proéminantes, peu convexes, assez légèrement rebordées. Du fond du sillon qui délimite ce rebord, prennent naissance trois paires de poils, longs, pâles. L'écusson ventral est très anguleux, à pointe émoussée et ne dépassant pas le bord des valves anales.

Les pattes sont très petites et minces. On en compte 72 à 87 paires ; soit 72 à 80 chez le mâle ; 81 à 87 chez la femelle. L'extrémité des pattes est armée d'une seule griffe longue et acérée. La première paire chez le mâle est très petite, fortement repliée en crochet ; le dernier article est assez long. Les six premières paires de pattes ambulatoires ne présentent aucune particularité de structure : elles sont un peu plus épaissies chez le mâle. Les bords libres du 7me anneau ne sont que faiblement rebordés ; ils laissent passer les extrémités de l'appareil copulateur. Celui-ci est composé de trois paires de pièces d'une grande simplicité. 1° Les pièces antérieures sont allongées, digitiformes, plus larges à la base, subéchancrées au bord externe, arrondies au sommet dont la face interne (postérieure) rappelle la conformation du membre analogue de l'*I. varius*. Fabr. 2° Les pièces postérieures un peu plus courtes que les précédentes, sont en forme de lames minces, triangulaires isocèles, dont les plans sont à peu près parallèles entre eux et à l'axe du corps. L'angle postérieur de la base est libre, en pointe acérée. Le bord postérieur est droit. Le bord antérieur présente deux échancrures près du sommet de la lame, laquelle se termine par une corne obtuse dentée à sa face antérieure (interne). 3° *Les lames intermédiaires (laminæ intermediæ) n'existent pas*, mais semblent être remplacées par une troisième paire de pièces arrondies, spatuliformes, de moitié moins grandes que les autres, qui rappellent absolument les *laminæ laterales* des *Blaniulus*, et qui sont comme ces dernières appliquées de chaque côté de la base de l'appareil copulateur. Les extrêmités des quatre pièces principales sont réunies à l'état normal ; elles sont très faciles à isoler (pl. II, fig., *b* à *g)*.

JUVENIS. — Un jeune individu mâle mesurant $8^{mm},50$ de longueur et $0^{mm},65$ de large, présentait 44 anneaux, et 64 paires de pattes : les 7 derniers anneaux étaient dépourvus de membres.

Comme je l'ai fait remarquer dans la diagnose, cette espèce présente une grande ressemblance avec l'*Iulus nanus* du professeur Latzel. Voici placées en regard les différences qui me paraissent servir le mieux à les distinguer l'une de l'autre :

I. nanus, Latzel.	*I. intermedius*.
1° Taches foncées sur les côtés.	1° Absence de taches sur les côtés.
2° Premier anneau strié dans les angles.	2° Absence de stries sur le premier anneau.
3° Stries des anneaux rapprochées.	3° Stries des anneaux écartés.
4° Bord postér. des anneaux finement canelés, portant des poils dans les derniers anneaux.	4° Bord postérieur des anneaux uni et toujours glabre, à l'exception de l'anneau préanal.
5° Pores répugnatoires très petits dans le metazonite, accolés au sillon circulaire qui est presque droit.	5° Pores répugnatoires grands, situés dans le prozonite, dans une encoche du sillon circulaire.
6° Les premières paires de pattes ambulatoires du mâle, munies à des articles déterminés de coussinets.	6° Pattes ambulatoires du mâle sans particularité.
7° Présence de lames intermédiaires.	7° Aucune trace de lames intermédiaires, par contre présence de lames latérales.

N'ayant pas sous les yeux l'*I. pelidnus*, Latzel, je ne saurais
préciser les caractères qui le distinguent de mon *J. intermedius,*
mais à lire la description que donne l'éminent professeur Viennois
des dimensions, de l'organe copulateur, etc., de son *J. pelidnus
(Myriap. der œsterr.-ungar. Monarchie*, vol. II, p. 267) il ne
paraît pas qu'il puisse y avoir de rapprochement possible, quoique
cette espèce doive avoir plus d'un point de ressemblance avec l'*I.*
en question.

J'ai recueilli cette intéressante espèce à Vaprio d'Adda, à Santa
Caterina del Sasso, au lac Majeur, à Vedano (Brianza), à Besozzo
(Varesotto), en tout 9 individus, dont 5 ♂ adultes, 1 ♂ jeune, et
3 ♀ adultes. Elle habite les mousses, les feuilles mortes, humides,
ou en voie de décomposition.

A considérer dans leur ensemble les caractères de cette espèce,
il ne peut y avoir d'hésitation quant à sa classification dans le genre
Julus ; la tête, la conformation des anneaux, la forme de la première paire de pattes, etc., ne laissent pas de doute à cet égard.
Toutefois, il est à remarquer que quelques-uns des organes de
l'*J. intermedius* présentent une tendance à se rapprocher des formes
du genre *Blaniulus*. En effet, le *promentum* (Latzel, *intergaleare
Berl)* qui dans la plupart des espèces de Jules est court et ne divise
les *lamellæ linguales* (Latzel, *Galeæ, Berl)* que sur la moitié ou
plus de leur longueur prend un développement important au point
de ne laisser les *lamellæ linguales* se réunir qu'à leur extrémité
(pl. II, fig. 9, *a),* ce qui nous mène insensiblement à la conformation du *Gnathochilarium* des *Blaniulus*, dont les *lamellæ linguales* sont séparées dans toute leur longueur. Les pattes copulatrices offrent une analogie plus frappante encore avec les mêmes
organes des *Blaniulus*. Laissons de côté l'absence du *Flagellum
copulativum*, commune aux *Blaniulus*, mais commune aussi à
beaucoup d'autres *Julus ;* nous nous trouvons en présence d'un fait
unique chez les *Julus*, c'est-à-dire la présence de lames latèrales.
Cette disposition essentiellement caractéristique des organes copulateurs des *Blaniulus* me paraît avoir une signification importante
pour la classification de cette espèce, à laquelle j'assignerai volon-

tiers sa place à la fin du genre *Julus*, immédiatement avant le genre *Blaniulus*.

Sous-Genre TYPHLOIULUS, Latzel.

Julus Cantonii, N. SP.

(Tab. II, fig. 10, *a-d*. — Tab. III, fig. 10, *g*)

Parvus, robustus, paululum caput cersus acuminatus, nitens, glaber, colore probabiliter pallido, maculis obscurioribus in lateribus signatus. Vertex foveis setigeribus destitutus. Antennæ? (fractæ). Oculi nulli, ne ulla quidem area nigra significati. Numerus segmentorum maris 45. Segmentum primum paucis striis excaratum. Segmenta cætera striis parcis sat profundis, margine postico glabro. Foraminibus repugnatoriis minimis in parte posteriori sitis, suturam transversam tangentibus. Segmentum ultimum unco robusto in terram devexo; valvulæ anales marginatæ. Pedum paria in maribus 69 (incertum), breves. Mas : Stipes mandibularis in apophysi rotundata infra recurvata porrectus. Pedes primi paris in uncum obtusum flexi. Septimi segmenti margines ventrales haud prominentes. Pedes copul. eodem Juli Londinensis organo subsimiles; lamina anterior digitiformis ; lamina posterior curta rotundata, lamella concava, et paulo post apophysi transversali, in margine interrupta. Flagellum copulativum manifestum. Femina latet.

Longit., 13 *millimetri, latit.*, 0^{mm},90.

Petit, relativement fort et ramassé, légèrement aminci vers la tête, brillant, glabre. La couleur de l'animal vivant m'est inconnue ; l'exemplaire que j'ai étudié ayant, par suite d'un long séjour dans l'alcool, pris une teinte foncée.

Longueur, 13 millimètres ; largeur, 0^{mm},90.

4 fossettes pilifères sur la lèvre supérieure.

Le front ne présente ni sillons ni poils. On ne trouve aucune trace de l'organe visuel ; l'espace qu'il devrait occuper n'est même pas marqué d'une tache noire. Les antennes étaient brisées et je n'ai aucune donnée à l'égard de cet organe.

J'ai compté 45 segments (toutefois je dois faire mes réserves quant à ce chiffre, l'exemplaire étudié étant brisé par le milieu). Les quatre derniers sont dépourvus de membres.

Le premier anneau est arrondi dans les côtés. Il est marqué au bord postérieur de 7 ou 8 sillons très courts dont les premiers sont profonds, tandis que les autres sont moins bien écrits, et cela d'autant plus qu'ils sont plus haut placés. Il est parsemé de très petits points enfoncés. Les anneaux suivants ne présentent pas trace d'étranglement, c'est-à-dire que l'animal n'a pas l'apparence monoliforme ; ils sont lisses et semés de petites stries excessivement fines. Les sillons longitudinaux du métazonite sont complets, c'est-à-dire qu'ils le traversent sans interruption du sillon circulaire au bord postérieur. Ils sont assez profonds et espacés, toutefois ils sont peu visibles sur la partie dorsale du 2º anneau. Les pores répugnatoires sont petits, accolés au sillon circulaire dans le métazonite. Le sillon circulaire n'est pas échancré. Pas de poils au bord postérieur des anneaux *(an semper?)*. L'anneau préanal est parsemé comme le reste du corps de petites stries courtes, mais un peu mieux marquées ; le prolongement préanal est robuste et légèrement infléchi sur le sol (comme chez l'*I. luridus*, C. Koch) ; il dépasse sensiblement le bord des valves anales, qui sont rebordées sans autre particularité.

Pattes très petites, au nombre de 69 (je dois mettre ici un nouveau point de doute pour le motif donné plus haut que l'animal était brisé).

MALE. — Le tronc des mandibules est développé inférieurement en un prolongement obtus replié sous la tête. La première paire de pattes est recourbée en forme de crochet (pl. II, fig. 10, *d*).

Pas de particularités aux pattes ambulatoires. Les pattes copulatrices (pl. II, fig. 10, *b*, 10, *c*) ont beaucoup d'analogie avec celles de l'*J. Londinensis*, Leach ;. Les pièces antérieures sont digitiformes ; les pièces postérieures sont développées parallèlement à l'axe du corps, arrondies et interrompues par une large lame concave, sur la pointe de laquelle se place une apophyse aplatie transversalement ; dans la sinuosité de cette apophyse vient aboutir la pointe du *flagellum copulativum*. Les pièces postérieures sont peu proéminentes et ne sont nullement visibles à l'extérieur du corps. Seule l'extrémité des pièces antérieures fait saillie à la surface du 7ᵐᵉ anneau dont les bords sont lisses.

Femelle inconnue.

Je dois cette jolie espèce à l'amabilité du professeur E. Cantoni, de Milan, à qui je me fais un devoir de la dédier en remerciement. D'après ses notes, il l'a recueillie dans le Jardin Botanique de Pavie au printemps de 1873.

Cette espèce qui est certainement très voisine de l'*Iulus psilonotus,* Latzel, s'en distingue bien nettement par la forme des organes de reproduction, par l'absence des poils du vertex et du bord postérieur des anneaux, par le prolongement des joues du mâle, etc.. etc. Il semble aussi être différent de la femelle décrite par le professeur A. Berlese *(Iulidi del museo di Firenze*, p. 98) sous le nom de *Iulus Tobias*. En effet, l'Iulus Tobias compte un nombre bien plus considérable de segments, n'a pas de taches foncées sur les côtés, doit avoir le bord postérieur des anneaux garni de poils et les valves anales non rebordées, ce qui contraste avec l'espèce en question.

Du reste, de l'avis même du savant Viennois à qui j'ai soumis l'exemplaire qui m'a servi d'étude, il s'agit d'une espèce nouvelle.

Julus luridus, C. Koch.

Variété A. (Tab. III, fig. 13)

Cette variété qui répond en tous points aux caractères extérieurs du type décrit par C. Koch (C. L. Koch, *Die Myriapoden getreu nach der Natur abgebildet und beschrieben*, Halle, 1863, vol.

II, p. 65) par R. Latzel *(Die Myriapoden der œster.–ungar. Mo-*
narchie. Vienne, 1884, vol. II, p. 291), s'en distingue par la forme
des pattes copulatrices. La paire de pièces antérieures est plus
grande que chez le type, aussi grande que la paire postérieure.
Elle est un peu plus mince à la base qu'au sommet et arrondie à
son extrémité. La paire de pièces postérieures (pl. III, fig. 13) est
placée horizontalement comme chez le type et rappelle la figure
n° 162, p. XIII, donnée par le professeur R. Latzel, *l. c.*, avec
cette différence que la partie médiane est développée en forme de
cuiller.

Cette variété semble habiter de préférence les collines peu éle-
vées de la Briance, ou la plaine. Je l'ai recueillie notamment à
Erba, Malnate, Olgiate, Gavirate, Vaprio d'Adda.

Par contre, dans la montagne, j'ai recueilli assez abondamment la

Variété B. (Tab. III, fig. 11 *e-h*)

qui diffère de la précédente par la forme des pièces copulatrices
postérieures (pl. II, fig. 11, *e*, 11, *d*, pl. III, fig. 11, *h*) particulière-
ment par un crochet de couleur d'ambre tourné au rebours de
celui décrit pour le type *(l. c.).*

Les localités qui m'ont fourni la variété *B* sont: Ponte Selva
(Valle Seriana) Fopolo (Valle Brembana) Morbegno, Ambria,
Chiesa in Valmalenco (Valtelina), les cols et sommets dits : Pizzo
3 Signori (versant nord) Passo San Marco (alt. 1820 mètres), Val
Viola (Alpes Borminese, alt. 2000 mètres environ).

Julus Londinensis, LEACH.

Variété A (Tab. II; fig. 12 *a*. — Tab. III; fig. 12 *e-g*)

Cette variété qui est d'ailleurs tout à fait semblable au type,
s'en distingue par l'ornement des valves anales qui, dans leur
moitié postérieure, présentent trois ou quatre rangées de gros
points enfoncés; du fond de chacun d'eux prend naissance un
poil roide. Les rangées sont parallèles au bord des valves. Cette

particularité se rencontre chez tous les âges de l'animal ; il semble toutefois que les points sont d'autant plus marqués et profonds,
que l'animal est plus vieux. Les organes copulateurs ne diffèrent
pas sensiblement de ceux de l'*I. Londinensis*, type de ces régions.

Cette variété se trouve dans toute la Briance au pied des préalpes, dans les troncs d'arbres en décomposition ou sous les écorces,
alors que le type se rencontre spécialement dans la montagne ou
dans les vallées qui en descendent.

EXPLICATION DES PLANCHES

PLANCHE I

Lithobius acuminatus, n. sp.

N° 1. — *a*, L'animal entier . . . . Grossissement $\frac{4.15}{1}$

      b, Les hanches des pattes maxillaires . .   — $\frac{45.60}{1}$

Polydesmus fissilobus, n. sp.

N° 2. — *a*, Le 1er et le 2° écusson . . . . . Grossissement $\frac{73.30}{1}$

      b, Deux écussons du tronc . . . .   — $\frac{73.30}{1}$

      c, Patte copulatrice, face interne . .   — $\frac{120}{1}$

      d,   —   face externe . .   — $\frac{120}{1}$

Polydesmus brevimanus, n. sp.

N° 3. — *a*, Le 1er et le 2° écusson . . . . . Grossissement $\frac{13.30}{1}$

      b, Deux écuossns du tronc . . . .   — $\frac{13.30}{1}$

      c, Patte copulatrice, face interne . .   — $\frac{44.45}{1}$

      d,   —   face externe . .   — $\frac{44.45}{1}$

Polydesmus subulifer, n. sp.

N° 4. — *a*, Le 1er et le 2° écusson . . . . . Grossissement $\frac{8.90}{1}$

      b, Deux écussons du tronc . . . .   — $\frac{8.90}{1}$

      c, Patte copulatrice, face interne . .   — $\frac{32.50}{1}$

      d,   —   face externe . .   — $\frac{32.50}{1}$

Polydesmus bigeniculatus, n. sp.

N° 5. — *a*, Le 1er et le 2° écusson . . . . . Grossissement $\frac{13.30}{1}$

      b, Deux écussons du tronc . . . .   — $\frac{13.30}{1}$

      c, Pattes copulatrices, face interne . . .   — $\frac{58.50}{1}$

      d,   —   face concave . .   — $\frac{58.50}{1}$

      c,   —   face externe . .   — $\frac{58.50}{1}$

Pl. I

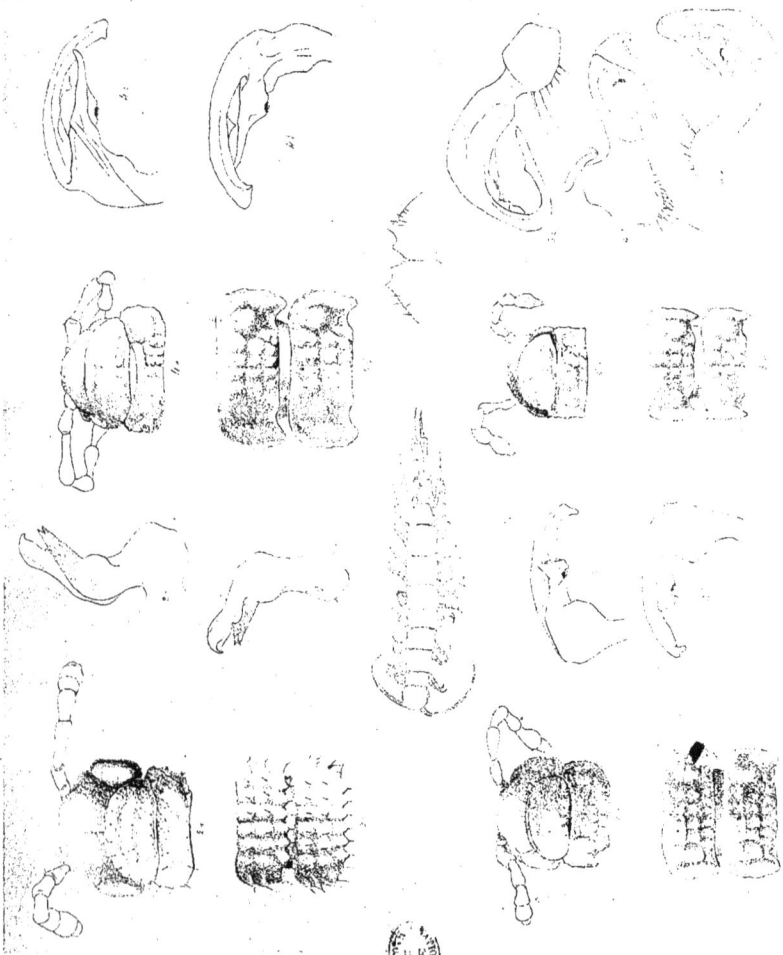

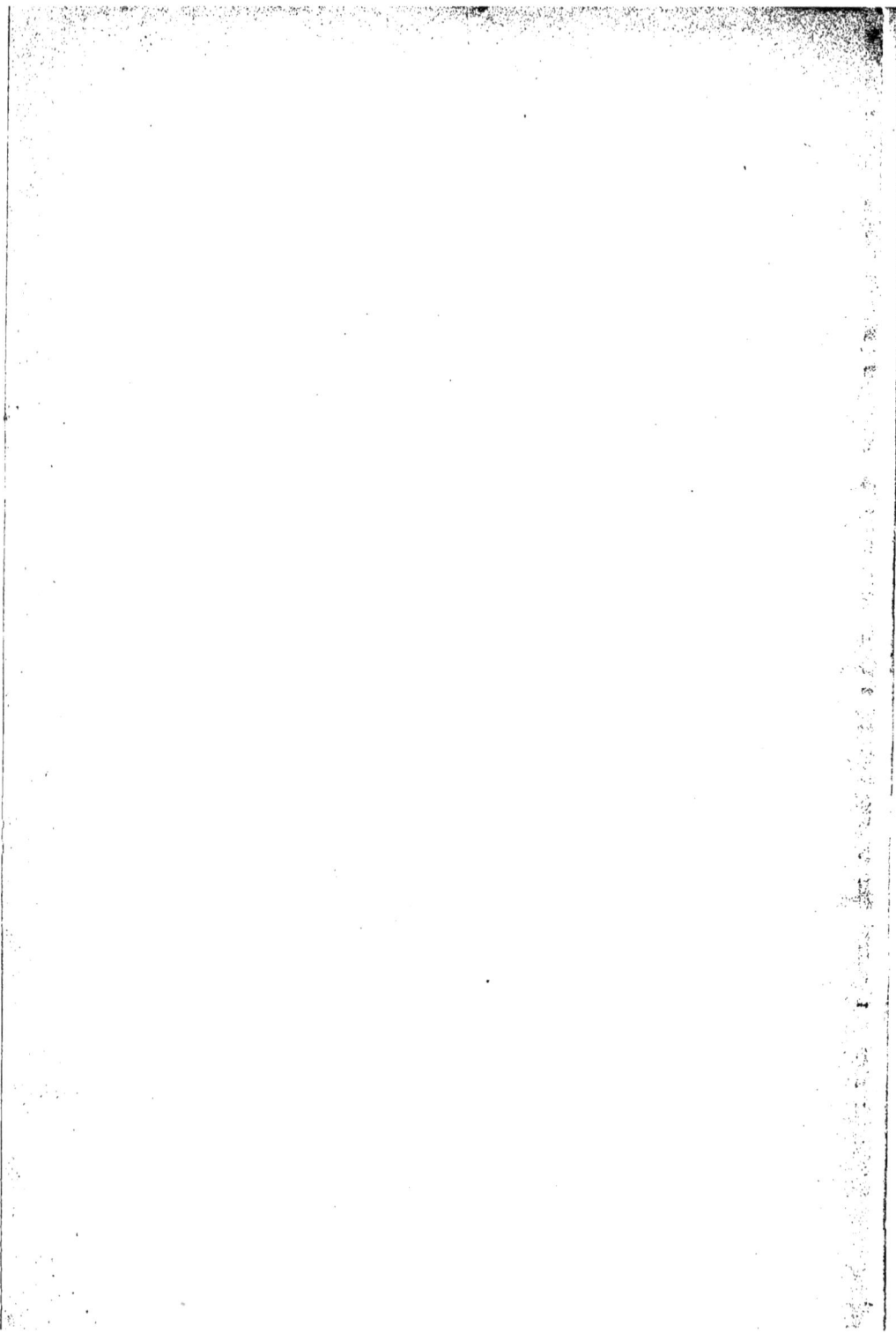

PLANCHE II

PLANCHE II *(Suite)*

Julus intermedius, n. sp.

No 9. — a, Gnathochilarium. . . . . Grossissement $\frac{54.10}{1}$

    b, Pattes copulatrices antérieures. . . — $\frac{82.60}{1}$

    c,   —   postérieures. . . — $\frac{82.60}{1}$

    d et f,   —   (ensemble) profil externe. . . . . — $\frac{82.60}{1}$

    e, Pattes copulatrices (ensemble) profil interne. . . . . — $\frac{82.60}{1}$

    g, Pattes copulatrices (ensemble) face postérieure. . . . . . . — $\frac{82.60}{1}$

Julus Cantonii, n. sp.

No 10. — a, Gnathochilarium. . . . . . . Grossissement $\frac{23.25}{1}$

    b, Pattes copulatrices, profil interne. . — $\frac{37.45}{1}$

    c,   —   profil externe. . — $\frac{37.45}{1}$

    d, Pattes de la première paire (σ'). . — $\frac{44.10}{1}$

Julus luridus. C. Koch. Var. B., n. v.

No 11. — a, Gnathochilarium. . . . . . . Grossissement $\frac{17}{1}$

    b, Pattes copulatrices antérieures. . . — $\frac{32.35}{1}$

    c et d,   —   postérieures. . . — $\frac{32.35}{1}$

    i et k, Pattes de la première paire. . . . — $\frac{32.35}{1}$

Julus Londinensis, Leach, Var. A., n. v.

No 12. — a, Pattes copulatrices postérieures, face antérieure. . . . . . . Grossissement $\frac{33.45}{1}$

    b, Pattes copulatrices postérieures profil interne. . . . . — $\frac{33.45}{1}$

    c, Pattes copulatrices postérieures, profil externe. . . . . . . — $\frac{32}{1}$

    d, Pattes copulatrices antérieures, face antérieure. . . . . . . — $\frac{33.45}{1}$

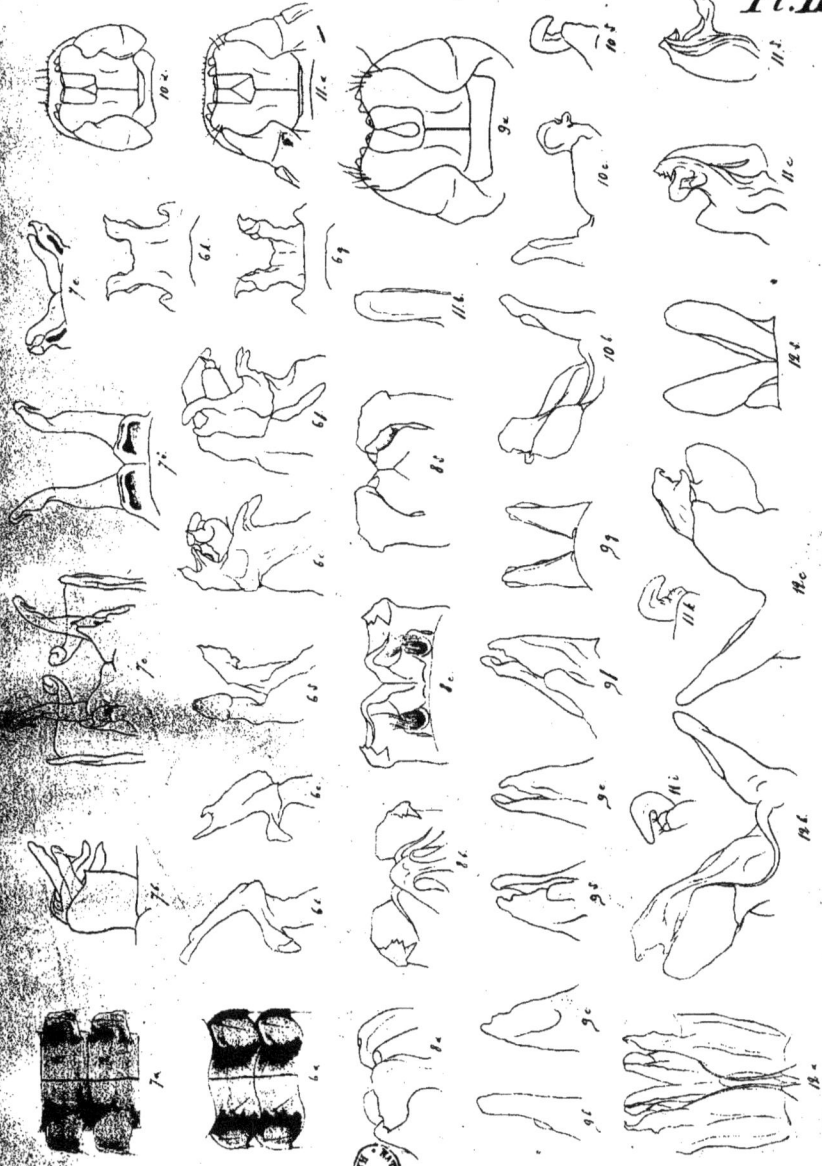

Pl. II

PLANCHE III

Julus intermedius, n. sp.

N° 9. — *h*, *i* et *h*. Segments du tronc. . . . . Grossissement $\frac{18.55}{1}$

Julus Cantonii, n. sp.

N° 10. — *c*, *f* et *g*. Segments du tronc. . . . Grossissement $\frac{13.35}{1}$

Julus luridus, C. Koch. Var. B, n v.

N° 11. — *e*, *f* et *g*, Segments du tronc. . . . Grossissement $\frac{11.35}{1}$

h, Pattes copulatrices, profil interne. . . . . — $\frac{26.66}{1}$

Julus luridus. C. Koch. Var. A, n. v.

N° 13. — Pattes copulatrices, profil interne. . . Grossissement $\frac{26.66}{1}$

Julus Londinensis, Leach. Var. A, n. v.

N° 12. — *e*, *f* et *g*, Segments du tronc. . . . Grossissement $\frac{11.95}{1}$

Lyon. — Imp. Pitrat Ainé, A. Rey Successeur, 4, rue Gentil. — 4854

Pl. III

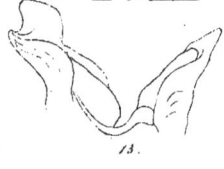

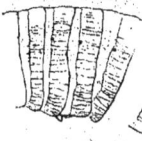
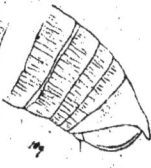
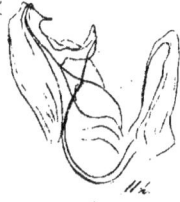

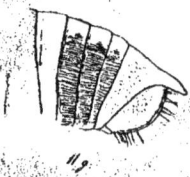

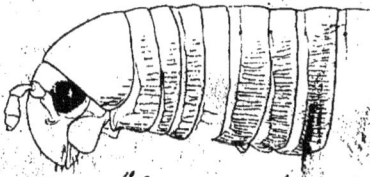
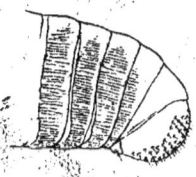

CONTRIBUTIONS

À LA FAUNE MYRIAPODOLOGIQUE

MÉDITERRANÉENNE

TROIS ESPÈCES NOUVELLES

PAR

HENRY-W. BROLEMANN

LYON

IMPRIMERIE PITRAT AÎNÉ

CONTRIBUTIONS

A LA

FAUNE MYRIAPODOLOGIQUE

MÉDITERRANÉENNE

CONTRIBUTIONS

A LA

FAUNE MYRIAPODOLOGIQUE

MÉDITERRANÉENNE

TROIS ESPÈCES NOUVELLES

PAR

HENRY-W. BROLEMANN

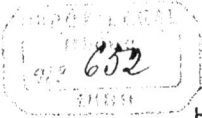

LYON

IMPRIMERIE PITRAT AINÉ

4, RUE GENTIL, 4

1889

CONTRIBUTIONS

A LA

FAUNE MYRIAPODOLOGIQUE

MÉDITERRANÉENNE

INTRODUCTION

N'ayant eu pour me diriger dans mon travail d'autre guide que l'excellent ouvrage du professeur Robert Latzel, de Vienne *(les Myriapodes de la Monarchie austro-hongroise)*, plutôt que de donner des descriptions qui auraient été ou incomplètes ou mal ordonnées, j'ai cru bien faire de m'en tenir au cadre des diagnoses et des descriptions d'espèces contenues dans le livre désigné ci-dessus. J'ai, de même, adopté les formules qu'a employées le savant myriapodologiste pour exprimer le nombre et la position des ocelles, des épines des pattes des Chilopodes, etc. C'est-à-dire :

Les ocelles sont considérées comme disposées en rangées horizontales ou parallèles au corps. Les rangées se comptent de haut en bas, et les ocelles de chaque rangée d'arrière en avant. L'ocelle isolée placée en arrière de toutes les autres et qui généralement est grosse, est exprimée par le chiffre 1 et séparée du reste de la formule par le signe de l'addition +. Par exemple : l'expression 1 + 5.5.4.2. indique qu'en avant de l'ocelle isolée se placent quatre rangées, dont la première, la plus élevée sur la tête, est composée de 5 ocelles, la seconde d'un nombre égal, la troisième de 4 et la quatrième de 2 ocelles.

L'expression $\frac{1.0.3.1.0.}{1.1.3.2.1.}$ par exemple, est adoptée pour désigner une certaine disposition des épines des pattes d'un *Lithobius*, signifie que vu par sa face supérieure, le membre présente 1 épine au premier article (hanche), 0 au second, 3 au troisième, 1 au quatrième et 0 au cinquième; vu par sa face inférieure, le même membre présente 1 épine au premier article, 1 au second, 3 au troisième, 2 au quatrième et 1 au cinquième.

Les chiffres qui expriment les pores des hanches — par exemple 5.7.7.6 — s'appliquent, le premier (5), aux pores de la douzième paire de hanches, le second (7), à ceux de la treizième, le troisième (7), à ceux de la quatorzième paire, et le dernier (6), à ceux de la quinzième paire ou paire annale.

Je me suis efforcé de consigner, dans ces quelques lignes, tout ce qu'il est intéressant de connaître sur la structure externe des Myriapodes que j'ai trouvés, et tout ce qui peut les distinguer des espèces voisines. Puissé-je avoir réussi !

Enfin je tiens à remercier l'éminent professeur viennois, M. K. Latzel, du concours qu'il m'a prêté, et à rendre hommage à sa complaisance en même temps qu'à son grand savoir.

Milan, le 25 mars 1888.

Ordre CHILOPODA, Latreille.

Famille LITHOBIIDÆ, Newport.

Genre **LITHOBIUS**, Leach.

Sous-Genre ARCHILITHOBIUS, Stuxberg.

Lithobius cæculus, N. SP.

Parvulus, gracilis, pallido-flavus, capite, antennarum stipite ultimisque corporis segmentis ochraceis. Antennae brevissimae, 18-24 articulatae. Ocelli nulli, ne ulla quidem macula nigra signati. Coxae pedum maxillarium dentibus 3 — 3, externis minutissimis, armatae. Laminae dorsales 9.11.13 angulis posticis rectis vel rotundatis. Pori coxales rotundi, magni, 1.2.2.2. Pedes anales fragillimi, unguibus tribus, calcaribus setulis spiniformibus substitutis. Genitalium femin. unguis simplex; calcarium paria duo. Long. 3mm,5, 5mm; latit. 0mm,38, 0mm,50.

Le corps de l'animal est allongé; les côtés sont parallèles. Il mesure 3mm,5 à 5 millimètres de longueur, 0mm,38 à 0mm,50 de largeur. Couleur générale du corps jaune pâle, avec la tête, la base des antennes et les deux ou trois derniers segments du corps orangés.

Tête cordiforme, plus longue que large et amincie en avant. Dans la moitié postérieure de la face dorsale on remarque deux points orangés, de couleur vive, dûs sans doute à des organes internes vus par transparence de la chitine. *Les ocelles font absolument défaut.* L'emplacement qu'ils occupent d'ordinaire n'est même pas indiqué par une différence dans la couleur du fond.

Antennes courtes, atteignant à peine un tiers de la longueur du corps, composées de 24 articles. Je n'ai constaté que quelques exceptions à cette règle et cela généralement sur des individus dont l'une des antennes montrait 24 articles et l'autre un nombre variant de 18 à 23. Seulement dans de rares cas les deux antennes avaient moins de 24 articles. Nous sommes donc en droit de considérer ces différences comme accidentelles. Les antennes sont moniliformes chez les individus qui paraissent jeunes et tendent à devenir filiformes chez ceux qui semblent plus vieux. Parfois chez le même individu peuvent se rencontrer les deux formes; c'est-à-dire que les articles, à la base de l'organe, peuvent être emboîtés les uns dans les autres, et, se détachant progressivement, s'égrener vers l'extrémité. Elles sont hérissées de poils assez longs mais peu serrés. Le premier, le second et le dernier article sont les plus longs : celui-ci égale en longueur les deux articles qui le précèdent ; en outre, il est fusiforme et évidé en forme de cuillière sur une de ses faces. Les deux premiers présentent à leur extrémité un dessin qui consiste en de petites cannelures parallèles, atteignant environ le tiers de la longueur totale de l'article.

Les hanches des pattes maxillaires sont rétrécies en avant; leur bord antérieur (tab. I. fig. 1) forme une ligne droite et est armé de 3 — 3 (accidentellement aussi 4 — 4) dents. Les deux paires principales sont rapprochées de la commissure; elles sont courtes mais fortes et aiguës et dans la forme d'un triangle équilatéral. La troisième paire est éloignée des autres et située à l'angle externe du bord antérieur; les dents de cette *troisième paire* sont *minuscules*; avec peine on les voit sur des individus de taille moyenne (4 millimètres) sous un grossissement de 140 diamètres, et elles ne laissent reconnaître leur véritable caractère que chez les individus les mieux développés; elles sont souvent accompagnées de deux ou trois poils longs qui empêchent qu'on ne les reconnaisse à première vue. On rencontre parfois une quatrième paire rudimentaire à l'angle du bord antérieur et de la commissure; mais je ne l'ai constatée nettement que chez quatre individus, et jamais bien développée. — La commissure médiane des hanches est assez profonde. Le sillon médian est bien écrit.

Les écussons dorsaux des 9e, 11e et 13e anneaux du corps ont les *angles postérieurs taillés droits* ou arrondis. Près du bord latéral de tous les écussons dorsaux et parrallèlement à lui court un sillon qui délimite une bordure épaissie et relevée en bourrelet. Les écussons ventraux sont marqués à la partie antérieure d'un sillon médian large, qui s'efface graduellement et atteint à peine le centre de l'écusson où il a déjà dis - paru.

Les pattes ne sont *pas armées d'épines* comme chez les autres espèces du genre. Par contre les épines sont remplacées par de forts poils-spinules qui non seulement couronnent l'extrémité des articles de la patte, mais en garnissent également les crêtes longitudinales inférieures et supérieures et se trouvent aussi disséminés sur la face interne des articles (principalement du 3° de la cuisse (Schenkelglied) où l'on en observe ordinairement 10 en couronne autour de l'extrémité. Leur position pourrait s'exprimer ainsi : $2 + 2 \genfrac{}{}{0pt}{}{3}{3}$ soit 3 sur chacune des faces supérieures et inférieures et 2 sur chacune des faces latérales). Plus ces poils sont rapprochés de l'extrémité du membre, plus ils perdent en grosseur et gagnent en longueur; les poils du 7° article (3° art. du tarse) sont beaucoup plus grêles et beaucoup plus longs que ceux du 3°. Ils sont disposés sans ordre. Les pattes anales sont longues et excessivement fragiles; il n'est pas rare de recueillir des individus privés de cette paire de membres. La *griffe en est longue* et *flanquée de chaque côté d'une griffe* plus courte d'un tiers environ, grêle, peu acérée et qui diverge de la griffe centrale.

Les pores des quatre dernières paires de hanches sont ronds et proportionnellement gros, au nombre de 1.2.2.2 — 1.3.2.2 — 2.3.2.2 — 1.3.3 2. La disposition la plus usuelle est la première; les autres sont plus rares, je n'ai rencontré que deux fois la seconde, une fois la troisième et trois fois la quatrième. Dans ces dispositions spéciales, les pores additionnels sont petits et placés près du corps.

Les appendices génitaux de la femelle sont *armés de griffes simples*, étroites et acérées et deux paires d'éperons, généralement un peu divergents de la ligne médiane, parallèles entre eux, d'égale longueur et effilés.

Juvenis. — Chez une jeune femelle de 3 millimètres de long et 0^{mm},30 de large, la disposition des pores des hanches était 1.2.2.1.

Immaturus. — Chez un jeune individu muni de toutes ses pattes, long de 2^{mm},30, le sexe n'était pas nettement reconnaissable ; ce devait être une femelle. — Un animal qui n'avait que 12 paires de pattes développées et 3 paires de bourgeons à la place des 3 dernières paires, mesurait 2^{mm},50 de long et 0^{mm},25 de large. Les antennes étaient composées de 14 articles seulement.

Ces animaux sont très agiles et très carnassiers; ils se nourrissent dè petits vers, larves de diptères, etc. ·

Cette espèce est établie sur 109 individus dont 3 ♂ et 104 ♀ adultes et 2 individus non parvenus à tout leur développement. Tous proviennent de la serre à boutures de bégonias et palmiers des horticulteurs Frères Ferrario, de Milan; ils ont été trouvés sous des pots de bégonias et de palmiers enfoncés jusqu'au col dans le tan.

Lithobius hexodus, N. SP.

Validus, lævis, nitens, fulvo-ochraceus vel vinosus. Antennae dimidio corpore manifeste breviores. 27-28 articulatae. Ocelli utrinque 11-17, in seriebus 4 dispositi. Coxae pedum maxillarium dentibus 3 — 3 validis, inaequalibus armatae. Laminae dorsales 9, 11, 13 angulis posticis rectis. Pori coxales uniseriati, ovales 5.7.7.7 — 4.6.6.6. Pedes anales ungue singulo, infra calcaribus 1.1.3.2.1, articulo primo calcare laterali instructo; in maribus superne articulo 5 unisulcato, articulo 4 bisulcato. Genitalium femin. unguis tricuspis; calcarium duo paria. Long. 16-23 mm; lat. 2-2mm,5.

Corps robuste, à côtés à peu près parallèles, lisse, brillant, de 16 millimètres à 23 millimètres de longueur et de 2 millimètres à 2mm,50 de largeur. Couleur générale fauve orangé vif passant au lie de vin. Le front et la face ventrale un peu plus clairs.

Tête aussi longue que large; La face supérieure est parsemée de petits points enfoncés, clairsemés, auxquels se mêlent quelques points plus gros.

Du bord postérieur se détachent deux impressions longitudinales courbes, dont les concavités sont tournées l'une vers l'autre et qui dépassent de peu le tiers de la longueur de la tête. Antennes courtes, mesurant à peu près un tiers de la longueur totale du corps, composées de 27-28 articles; ceux-ci sont longs; le dernier est le plus long de tous. Ces organes sont parsemés de longs poils assez espacés. L'extrémité des (6-8) premiers articles est ornée de petits sillons parallèles très courts.

Les ocelles sont bien distinctes, noires, de 11 à 17, disposées en rangées droites ou à peine courbes, dans l'ordre suivant 1 — 2.5.5.3.1, ou 1 — 1.5.5.4.2, ou 1.3 3.3.1 (tab. l, fig. 3 et 4). Généralement l'ocelle isolée et les trois premières ocelles postérieures des première, deuxième et parfois troisième rangées sont grosses et rondes. [Ceci n'est toutefois pas strictement vrai pour la première disposition, dans laquelle les deux ocelles de la première rangée sont très petites et intercalées dans les angles formés par les trois premières ocelles de la seconde rangée, lesquelles, par contre, sont grosses. Néanmoins, comme cette première rangée de deux ocelles n'existe que très rarement et seulement chez des individus très développés, on peut la regarder comme exceptionnelle et alors l'observation ci-dessus devient exacte pour le reste de l'appareil visuel qu'on pourrait exprimer plus exactement par la formule 1 — (2). 5.5.3.1.]

Les hanches des pattes maxillaires sont légèrement rétrécies en avant; le bord antérieur (tab. I, fig. 2) de chaque hanche est plus ou moins fortement bissinueux, oblique ; sur la ligne médiane les deux bords se rejoignent en un angle rentrant aigu, et forment une commissure profonde. *Les hanches sont armées de 3 — 3 dents très robustes*, à pointes noires et émoussées et *d'inégales dimensions;* elles sont d'autant plus petites qu'elles sont davantage écartées de la commissure. Autant qu'il m'a été donné d'en juger, ce caractère est constant. Les hanches sont parsemées de points enfoncés, sans ordre, alternativement gros et petits. Le sillon médian est prononcé.

Les angles postérieurs des 9e, 11e et 13e écussons dorsaux sont taillés carrément. Le bord antérieur des 10e, 12e et 14e écussons dorsaux est légèrement échancré. A l'exception du premier, tous les écussons dorsaux sont bordés latéralement par un fin bourrelet. Les écussons ventraux présentent à leur partie antérieure un sillon médian parfois large et mal délimité, qui atteint au delà du centre de l'écusson et se perd dans une impression transversale souvent mal définie et difficile à constater.

Les pattes sont armées d'épines. Celles de la première paire sont disposées dans l'ordre suivant : $\frac{0.0.2.1.0.}{0.0\,2.3.2.}$ ou $\frac{0.0.2.2.0.}{0.0.2.3.2.}$. L'épine médiane de la face est robuste, longue et aiguë : trois griffes au dernier article. — Disposition des épines de la 14e paire de pattes : $\frac{1.0.3.1.0}{0.1.3.3.2.}$; griffe double. — Celles des épines de la paire anale : $\frac{1.0.3.1.0.}{1.1.3.2.1.}$; griffe simple. Les 14e ou 15e *paires de hanches* sont munies d'une *épine au milieu du bord latéral externe*. — Dans les deux sexes, la 14e et la 15e paire de pattes sont un peu épaissies. — *Chez le mâle*, le 4e *article* (tibia) des pattes anales est parcouru dans toute la longueur de sa face supérieure par *deux sillons étroits*, nettement marqués, qui limitent entre eux une large carène légèrement convexe. Seul, le *sillon externe se poursuit sur le* 5e article (1er art. du tarse), qu'il parcourt dans toute sa longueur; on le devine encore sur le 6e article (2e art. du tarse). [Quoique je n'aie pas clairement constaté l'existence de ces sillons sur la 14e paire de pattes, je crois pouvoir néanmoins l'affirmer; d'ailleurs l'analogie que présenterait cette sculpture avec celle du *L. mutabilis* C. Koch, du *L. latro* Meinert, etc.; me confirme dans l'opinion émise. En tout cas ces sillons sont moins marqués sur la 14e paire que sur la 15e.] Les individus rangés sous la dénomination de « Juvenis » en sont également pourvus.

Pores des hanches déposés en un seul rang, généralement bien fendus, en forme de boutonnières. Ont été observées les dispositions suivantes : 5.7.7.7., 5.7.7.6., 4.6.6.6.

Les appendices génitaux de la femelle sont pourvus de 2 paires d'éperons; ceux-ci sont minces et effilés. La griffe qui termine ces organes est tridentée.

JUVENIS. — Longueur du corps, 10mm,5 à 13 millimètres. — Antennes de 24-28 articles. Ocelles au nombre de 9-10 sur trois rangées. Épines des pattes anales : $\frac{1.0.3.1.1.}{1.1.3.2.1.}$ ou $\frac{1.0.3.1.0.}{1.1.3.2.1.}$. — Pores des hanches dans l'ordre 4.6.6.5., ou 4.5.5.5., ou 3.5.5.5., ou 3.5.5.4.

IMMATURUS. — Longueur du corps, 7 millimètres. — Antennes de 23 articles. — Ocelles au nombre de 5 sur 2 rangées. — Épines des pattes anales $\frac{1.0.2.1.0.}{1.1.3.2.1.}$. — Pores des hanches 2.2.2.2.

Je n'ai pu étudier que 8 exemplaires de cette espèce dont 1 ♂ et 2 ♀ adultes, 1 ♂ et 3 ♀ n'ayant pas accompli leur dernière mue, et 1 individu incomplètement développé et, par suite, d'un sexe indistinct. Tous ont été recueillis par moi sous des pierres au pied du versant boisé et humide du petit vallon de Vedano (Brianza).

Ordre DIPLOPODA, Blainville-Gervais.

Sous-ordre CHILOGNATHA, Latreille.

Famille JULIDÆ, Leach.

Genre BLANIULUS, Gervais.

Blaniulus hirsulus, N. SP.

Robustus, elongatus, moniliformis, valde nitens; bruneo-flavus, medio corpore flucescente vel virescente, serieque macularum obscurarum utrin-que ornatus. Vertex sulco profondo nigro, foveolis duabus tenuibus pili-geris. Ocelli nulli. Segmenta 42-59. Segmentum primum in lateribus angulatim porrectum, haud sulcatum. Segmenta caetera superne laevigata, ventre autem versus parce striata. Foramina repugnatoria minima procul pone suturam transversam sita. Segmenta postice setis longis pal-lidis omnino hirsuta. Segmentum ultimum in margine postico rotundatum, valvularum analium marginibus complanatis, squama nulla, pedum paria 79-105. Mas : Pedum primi paris articulus quartus calcare valido, longo aculo, intus in corpore reflexo instructus. Pedum copulativorum paran-terius. Laminae mediae rectae conjonctae, basilatae, deinde in bacillos apice rotundato desinentes; laminae laterales breves; apice trilobato, lobis piligeris. Pedum copulativorum par posterius, in basi latitudinem primi paris haud aequans, paulatim acuminatum, apice uncinato, parte postica supra post medium carina transversali piligera instructa. Long. corp. 24-35mm ; *latit.* 1mm,05-1mm,40.

Allongé, cylindrique, moniliforme, lisse et très brillant. Couleur générale d'un jaune brunâtre, livide, tirant sur le vert, avec une rangée de taches brun noir de chaque côté du corps; couleur du fond plus foncée dans la partie moyenne du corps chez les adultes. Pattes jaunâtre pâle; la longueur varie de 24 millimètres à 35 millimètres; elle est plus fréquemment de 25-29 millimètres chez les σ et de 28-31 millimètres chez les φ. La longueur varie de $1^{mm},05$ à $1^{mm},40$; plus fréquemment de $1^{mm},20$ à $1^{mm},35$.

Front et sommet de la tête lisses; on y observe seulement deux très petites verrues surmontées d'un poil raide assez long et pâle et qui sont situées sur le sommet de la tête, chacune d'un côté de la ligne médiane, dans un très fin sillon transversal. Sillon occipital bien écrit, foncé. Antennes longues; chez une femelle de 30 millimètres de longueur et de $1^{mm},20$ de largeur, les antennes mesuraient $1^{mm},55$ de long et $0^{mm},20$ de large à l'extrémité du 5e article. Les articles qui la composaient avaient les dimensions suivantes ; 1er article, $0^{mm},15$; 2e article $0^{mm},26$; 3e article, $0^{mm},30$; 4e article, $0^{mm},29$; 5e article, $0^{mm},28$; 6e article, $0^{mm},18$; 7e article, $0^{mm},09$. Tous sont plus ou moins hérissés de longs poils.

Les ocelles font constamment défaut. Les joues [3e article des mâchoires antérieures] (Oberkiefer) sont très développées, globuleuses, marbrées, mais sans particularité de structure chez le mâle.

Nombre des segments : 42 à 59 (65 ?); généralement 49 à 56 chez le σ et 47 à 57 chez la φ.

Le premier segment (Halsschild) est taillé en angle droit dans les côtés; ceux-ci sont dépourvus de sillons. La surface de ce segment est lisse et parsemée de poils fins blanchâtres et sans ordre apparent, portés chacun sur une petite rugosité. Les segments suivants sont tous également lisses et ne présentent de sillons que très bas, sur la face ventrale où on en compte de chaque côté 5 à 7 très fins et serrés les uns contre les autres; ils ne sont bien visibles qu'en enlevant les pattes de l'animal. Chaque segment du tronc est divisé en deux parties bien distinctes et à peu près égales par un profond sillon transversal dont le fond est orné de points enfoncés bien marqués et régulièrement espacés. La partie postérieure est plus dilatée que la partie antérieure. Celle-ci est glabre ; sous un fort grossissement elle apparaît finement réticulée ou finement granuleuse dans les trois cinquièmes de sa partie antérieure. La partie postérieure du segment est absolument lisse : elle est seulement divisée par une ligne transversale de couleur plus foncée (qui, à première vue, peut faire l'effet d'un sillon), et couverte sur toute sa surface de très fines rugosités qui portent chacune un long poil blanchâtre. Ces poils sont espacés mais assez nombreux néanmoins pour donner à l'animal, vu à l'œil nu, un

aspect soyeux ; sur la face ventrale ils se font plus rares et plus courts. —
Chez l'animal étendu, la partie antérieure du segment disparaît sous la
partie postérieure du segment qui le précède, mais est visible en partie
sur la face ventrale. Par contre, chez l'animal roulé en spirale, elle est
en partie visible sur le dos, et sur le ventre elle reste cachée par le segment précédent. — Les stigmates sont très petits, mais néanmoins faciles
à trouver parce que l'infundibulum qui met chaque stigmate en communi-
cation avec son système de trachées apparaît par transparence de la
chitine sous la forme d'une ligne jaunâtre plus foncée que le fond et
prenant naissance au stigmate qui est situé en arrière du sillon transversal ponctué sur la région rebondie qui lui est immédiatement contiguë.

Le segment anal a le bord postérieur complètement arrondi. Les
valves anales sont assez proéminentes, médiocrement rebondies ; leurs
bords sont plats, c'est-à-dire n'ont pas la forme de bourrelets ; elles
sont hérissées de poils comme les segments. L'écusson ventral n'est pas
visible.

Les pattes sont de dimension normale, au nombre de 79 à 105 paires,
en général 89 à 97 paires dans l'un et dans l'autre sexe : les 2-4 derniers anneaux peuvent être dépourvus de membres. La griffe des pattes
est longue et mince ; elle est accompagnée dans sa concavité d'une autre
griffe très fine et, par suite, difficile à voir.

Mâle. — La première paire de pattes (tab. 1. fig. 9) est composée de
5 articles ; elle est ramassée ; la face interne du 4e article est prolongée
en forme d'éperon, fort, très long et très acéré, dont la pointe est dirigée
vers le corps. Les bords ventraux du 7e segment (tab. 1. fig. 8) sont rele-
vés de façon à former un appui pour les lames copulatrices qui font com
plètement saillie au dehors, les pointes dirigées en arrière. Celles-ci sont
de couleur brune. Les lames antérieures sont un peu plus courtes que
les lames postérieures. Les premières (tab. I. fig. 5 et 7, a) sont larges et
rebondies à la base, sur la face antérieure de laquelle se creusent quelques
sillons tortueux ; elles s'amincissent pour se terminer en forme de bâton-
nets droits, à pointe arrondie ; elles sont pubescentes vers l'extrémité
aussi bien sur la face antérieure que sur la face postérieure où le duvet
est plus long. Les lames latérales (tab. I, fig. 7, c) sont en forme de spa-
tules et dépassent un peu la moitié de la longueur des autres lames ;
l'extrémité de leur bord postérieur est trilobée, chacun des lobes portant
un long poil transparent. Les lames postérieures (tab. 1, fig. 6 et 7, b) sont

moins larges à la base que les précédentes; comme elles, elles vont en s'amincissant pour se terminer par des crochets dont les pointes sont tournées intérieurement, c'est-à-dire l'une vers l'autre. A leur face postérieure (tab. I, fig. 6), aux deux tiers environ de leur longueur se présente une carène ou arête transversale facilement distinguable à sa couleur plus foncée, d'où prennent naissance de longs poils blanchâtres transparents, qui atteignent à moitié des crochets. L'ensemble de l'appareil est fortement lié ensemble.

J'ai sous les eux 91 exemplaires, dont 43 ♂ et 48 ♀ femelles que j'ai recueillis au mois d'avril 1886, à Menton (Alpes-Maritimes). Étant donné l'époque de l'année à laquelle ils ont été trouvés, il se pourrait que les individus soient des jeunes n'ayant pas encore atteint leur absolu développement. Il n'est néanmoins pas douteux qu'il ne s'agisse d'une espèce nouvelle bien caractérisée par la forme de ses lames copulatrices ainsi que par plusieurs des caractères énoncées dans la description ci-dessus.

PLANCHE

EXPLICATION DE LA PLANCHE

Lithobius cæculus, n. sp.

Fig. 1. — Bord antérieur et dents (3 + 3) des hanches des pattes maxillaires $\frac{140}{1}$

Lithobius hexodus, n. sp.

Fig. 2. — Bord antérieur et dents (3 + 3) des hanches des pattes maxillaires $\frac{25}{1}$

— 3 et 4. — Dispositions des ocelles.

Blaniulus hirsutus, n. sp.

Fig. 5. — Paire antérieure des lames copulatrices (face antérieure) = c, lames latérales $\frac{140}{1}$

— 6. — Paire postérieure des lames copulatrices (face postérieures) = c, lames latérales $\frac{140}{1}$

— 7. — Ensemble des lames copulatrices (profil) = a, lames antérieures = b, lames postérieures = c, lames latérales $\frac{140}{1}$

— 8. — 7me et 8me segments — a et b, lames copulatrices $\frac{70}{1}$

— 9. — Patte de la première paire du ♂.

LYON. — IMPRIMERIE PITRAT AÎNÉ 4, RUE GENTIL

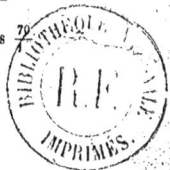

Tab. I

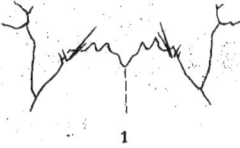

1

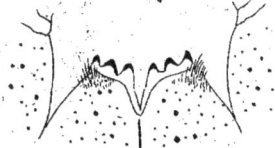

2

3

4

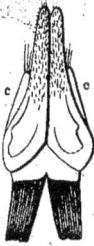

5

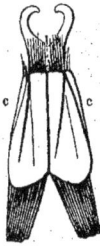

6

9

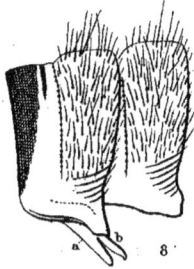

8

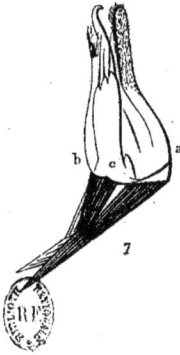

7

Imp A Roux, r. Constantine, 8, Lyon